钢管再生大骨料自密实混凝土静力性能研究

王建超　杨大方　张　楠　著

中国矿业大学出版社

·徐州·

内 容 提 要

本书共 4 章,系统论述了钢管再生大骨料自密实混凝土轴心受压、偏心受压和纯弯状态下在承载力方面的试验方法、数值模拟技术及理论分析方法。本书主要内容包括钢管再生大骨料自密实混凝土柱轴心受压性能研究、钢管再生大骨料自密实混凝土短柱偏心受压性能研究、钢管再生大骨料自密实混凝土纯弯性能研究等,系统研究了钢管壁厚、再生大骨料强度、自密实混凝土强度、钢材屈服强度等因素对不同受力状态下钢管再生大骨料自密实混凝土力学性能的影响,利用有限元软件 ABAQUS 对上述情况进行建模分析,验证有限元法对该类结构的可行性,给出了钢管再生大骨料自密实混凝土轴压构件、偏压构件、纯弯构件的承载力理论计算方法。

本书可作为土木工程专业研究生参考用书,亦可供从事土木工程专业工程师、科学技术人员与高等院校师生参考和使用。

图书在版编目(C I P)数据

钢管再生大骨料自密实混凝土静力性能研究/王建超,杨大方,张楠著.—徐州:中国矿业大学出版社,2024.7

ISBN 978 - 7 - 5646 - 6199 - 1

Ⅰ.①钢⋯ Ⅱ.①王⋯ ②杨⋯ ③张⋯ Ⅲ.①再生混凝土－静力学－研究 Ⅳ.①TU528.59

中国国家版本馆 CIP 数据核字(2024)第 063189 号

书　　名	钢管再生大骨料自密实混凝土静力性能研究
著　　者	王建超　杨大方　张　楠
责任编辑	周　红
出版发行	中国矿业大学出版社有限责任公司
	(江苏省徐州市解放南路　邮编 221008)
营销热线	(0516)83885370　83884103
出版服务	(0516)83995789　83884920
网　　址	http://www.cumtp.com　E-mail:cumtpvip@cumtp.com
印　　刷	苏州市古得堡数码印刷有限公司
开　　本	787 mm×1092 mm　1/16　**印张** 8.75　**字数** 224 千字
版次印次	2024 年 7 月第 1 版　2024 年 7 月第 1 次印刷
定　　价	52.00 元

(图书出现印装质量问题,本社负责调换)

前　言

　　大量新型建筑物的出现势必会带来自然资源消耗问题,同时也伴随着老旧建筑物的拆除。为改变这一局面,促进资源的再利用,切实达到可持续发展,本书提出将60～120 mm 大粒径的再生骨料分层放入钢管内并分层浇筑自密实混凝土从而构成钢管再生大骨料自密实混凝土结构,这样做不仅达到了组合效益的最大化,提高了实际工程中的可操作性,同时也符合了经济、环保等多角度的现实情况。

　　首先,本书通过钢管再生大骨料自密实混凝土短柱轴向受压和偏心受压试验结果绘制荷载-变形曲线,探究了钢管壁厚、自密实混凝土强度、再生骨料粒径、再生骨料强度、偏心距等 5 种参数变化下组合柱力学性能的差异。通过选用国内外现有强度计算公式,并基于试验数据对承载力计算公式进行修正,提出了适合钢管再生大骨料自密实混凝土短柱的轴心受压极限承载力计算公式和偏心受压极限承载力计算公式。利用有限元分析软件 ABAQUS 对钢管再生大骨料自密实混凝土短柱进行轴心受压和偏心受压模拟,通过对比试验数据验证了模拟方法的正确性。

　　然后,本书采用试验加有限元模拟的方式对 8 个钢管再生大骨料自密实混凝土构件的纯弯性能展开试验研究,考察了钢管壁厚、再生大骨料强度和再生大骨料粒径对构件抗弯刚度和抗弯承载力的影响,通过对比美国 AISC-LFRD(1999)规范、欧洲 EC4(1994)规范、日本 AIJ(1997)规范、我国 GB 50936—2014 以及福建省 DBJ/T 13-51-2020规范计算出钢管再生大骨料自密实混凝土构件在纯弯状态下的极限承载力,推导出钢管再生大骨料自密实混凝土构件的极限抗弯承载力的计算方法。

　　本书的试验工作得到了研究生杨文涛、李明香、裘子铭、马光卓、何文涛和李华钰等的大力协助,在此表示衷心感谢。本书虽经过多次校对,但由于著者水平有限,书中难免存在疏漏之处,还请读者批评指正。

著　者

2024 年 3 月

目　　录

第1章 绪 论

1.1 研究背景及意义

随着我国老旧建筑的增多,旧建筑的拆除不可避免地产生环境污染问题,同时大量的开发与扩建造成的资源短缺和资源浪费问题也越来越严重。一座房屋从建筑原料的开采、运输、加工制作到建筑物的建造施工,再到后来的装修,直到拆除,整个过程都离不开能源、资源的耗费,建筑垃圾的产生及处理也成了必须要解决的重大问题。我国建筑垃圾的大量产生主要有以下三个原因[1]:一是我国在近40年的快速发展中建造了大量的建筑物,而这些在未来的几十年内都将进入报废期,必然累积形成巨量的建筑垃圾;二是出现大量"短命建筑"现象,一些建筑在建成不久便被拆除,造成巨大财富损耗及无谓的资源浪费;三是我国居民住宅或商务政务用房,因业主交易频繁,短时间内多次拆改装修,产生大量建筑垃圾。目前,我国对建筑垃圾的处理方式主要包括两个方面:① 露天存放或掩埋。将建筑垃圾运到规定的地方露天存放或简单地掩埋,如果不提前处理掉建筑垃圾中的有害物质,将对土地、河流产生严重的影响,甚至会危害人民的健康。② 循环再利用。将建筑垃圾经过处理,重新应用在工程建设中。然而,我国的建筑垃圾循环利用率不足10%,处理方式还是以露天存放和掩埋为主。由于混凝土在建筑工程中的应用较多,废弃混凝土的再利用就成了建筑领域迫切想要解决的一大问题,但是废弃混凝土的再利用不光需要在工程上、建筑上和科学研究上下功夫,更需要与之相关的各行各业的支持,要深刻认识到生产混凝土的原材料不仅耗费资源、人力、物力、财力,而且也对我国的环境造成了破坏,对空气造成了污染。废弃混凝土的重新利用是一项重要且伟大的事业。为更好解决建筑垃圾的利用问题,有学者[2]提出将废弃混凝土通过一定方式处理后可以制成新拌制的混凝土中的骨料,即再生骨料。再生混凝土的产生不仅是一种处理废弃混凝土的方法,从长远来看,这也是一项既能保护环境,又能节约新资源,实现资源可持续利用的方式,无疑是处理废弃混凝土最有价值的方式。对于再生混凝土的研究,国外出现较早,自20世纪40年代苏联学者Gluzhge[3]首先提出,因而研究利用也比较多[4~11],我国近年也有众多学者进行研究[12~17]。对于再生骨料的应用研究主要有以下几个方面:① 应用于生产再生骨料混凝土,这也是应用最多的;② 应用于生产自密实混凝土、透水混凝土等新型或高性能混凝土;③ 将再生骨料用于生产墙板材料。合肥-南京段高速公路[18]就是采用再生骨料混凝土路面,经使用证明性能优良;陕西西咸北环线高速公路 2015 年 12 月通车,这是国内首条以建筑垃圾为主导筑路材料的高速公路,经过几年运行,路面依然平整如初,无任何沉降,证明用建筑垃圾填筑路基,不仅实现废物利用,而且工程质量还可以得到保证。

综上所述,应用再生骨料混凝土在理论上与实际上都是可行的。但与天然骨料相比,再生骨料有一些不可避免的缺点:比如强度低,由于表面附着砂浆和内部损伤,再生粗骨料比天然骨料强度低,也直接或间接地导致再生骨料混凝土比普通混凝土强度低;另外,再生粗骨料弹性模量小、吸水率高等,再加上人们思想上的不够重视,其在实际工程上的应用也只是较多应用于道路工程上,并且由于生产再生粗骨料的过程繁琐,耗费资源且设备损坏较大,导致对于再生混凝土只是研究多而应用少,再生混凝土在我国推广缓慢,因此有必要采取更加合理的方式降低再生粗骨料的制备成本,从而更好地促进再生混凝土的发展应用。为此,从降低再生骨料生产成本出发,国内已有学者将再生骨料的粒径提升为大尺度块体或节段型进行研究[19~26],试验效果良好,但是其并未对块体的粒径尺寸范围进行更加详细的研究。

为了更好、更加广泛地对再生混凝土进行应用,针对再生混凝土的特点,已有研究[27-28]表明将再生混凝土填充到钢管中是一种可行的方式,钢管的外部约束使得再生混凝土表现出更好的塑形性能,同时由于再生混凝土作为核心混凝土使得钢管的局部屈曲缺陷得到改善,从而钢管再生混凝土表现出与钢管普通混凝土相似的性质,且受压性能良好。为解决钢管混凝土振捣困难、填充不易密实、容易产生气泡等影响结构性能的施工方式上的弱点,有的学者[29]提出自密实混凝土可以较好地改善钢管混凝土施工中的缺点,因其优点显著,被称作高性能混凝土。自密实混凝土的自身流动性大,并且能够保证施工过程中不发生离析,在浇铸过程中不用外部振捣,仅靠自重就能自动填充密实。并且通过研究发现,钢管自密实混凝土及钢管再生自密实混凝土都表现出良好的受力性能和变形能力。同时,自密实堆石混凝土施工技术[30]的出现证明了自密实混凝土与大石块间的黏结受力良好,施工速度快,成本低。将自密实混凝土与大尺度的再生骨料结合,采用自密实堆石混凝土的方式灌入钢管中,形成"钢管再生大骨料自密实混凝土"结构,自然可以实现成本降低及施工更加方便的双重目的。

对于大跨度建筑、恶劣环境条件下的建筑等,钢管混凝土结构均能很好地适应,达到工程化施工技术的要求,具有广阔的发展前景。如今,钢管混凝土已经是建筑中广泛使用的复合材料之一,已在多个现代建筑项目中使用。

为实现建筑垃圾变废为宝的目的,将回收的再生骨料制备成再生混凝土,同时由于再生粗骨料制备过程复杂,为避免制备过程造成二次污染,本书采用大粒径的再生骨料展开研究。大尺度的块体或节段代替再生粗骨料,不仅简化了再生粗骨料的制备过程,而且由于不需要反复地破碎,大尺度块体或节段内部的微小裂纹远远小于再生粗骨料,改善了混凝土的性能。与此同时,用自密实混凝土代替普通混凝土便于填充块体之间的较小缝隙,从而构成本书的研究对象——钢管再生大骨料自密实混凝土。为充分考虑该类结构在实际工程中的运用,本书将对不同受力状态下的短柱、梁展开试验研究与模拟研究,改善钢管再生大骨料自密实混凝土的性能,提高钢管再生大骨料自密实混凝土的实际工程可操作性,从而使其在经济上更加低廉,施工上更加简便快捷,在工程实际上更加实用。

1.2 研究现状

1.2.1 再生混凝土研究现状

第二次世界大战以后,为减少建筑垃圾处理费用,有效利用建筑垃圾,美国、日本、荷兰等一些国家就开始对废弃混凝土的处理和再生利用进行研究。美国政府通过制定法律的手段为再生混凝土的发展提供可靠保障,在 20 世纪 80 年代初密歇根州交通厅利用再生骨料重建了几条州际高速公路。从技术层面讲将废弃混凝土再生作为骨料用于新建水泥路面面层或基层是可行的。苏联在 20 世纪 70 年代末利用废弃混凝土约 4 000 万 t,着重研究了再生混凝土的配合比设计以及新拌混凝土的特性。研究表明,再生骨料弹性模量和韧性随着再生骨料含量的变化而变化。日本由于国土面积小、资源相对匮乏,因而将建筑废物视为"建筑副产品",十分重视废混凝土的再生利用。早在 1977 年日本政府就制定了《再生集料和再生混凝土使用规范》,并相继在各地建立了再生加工厂,其效率可以达到每小时加工生产 100 t。

总的来说,对于再生骨料的研究国外研究较早,研究主要涉及再生骨料的生产和性能特点,针对再生骨料的缺点进行相应的改善,设计计算再生骨料混凝土的配合比使其更加合理,性能方面除了对再生混凝土在各种受力下的表现进行研究外,也对其徐变、耐久性等进行了研究。美国、日本、荷兰、苏联等早已提出了相关规范,至今相关技术大多已经趋于成熟。

我国国土面积大,资源丰富,在短期内混凝土的原材料危机还不会十分突出,因而对再生混凝土的开发研究不太重视。然而随着人们环保意识的增强,建筑废物引起的环境问题日益受到人们的重视。在中国的道路工程中,使用回收的商业混凝土并将回收的商业混凝土应用于建筑。国内循环商业混凝土已应用于墙体材料、道路基础、表面层和地基工程。例如 2002 年上海的江湾机场所遗留的相当多的废弃混凝土被回收后加工成再生混凝土,直接用来作为新江湾的道路所用混凝土。2007 年的武汉王家墩机场拆除产生的大量废弃混凝土也被用在当地的一些其他的建筑混凝土的原材料当中。同时,再生混凝土也能用来作为墙体材料,并且我国已经研发出一种质量轻、强度高和节约能源的废旧商品混凝土空心砌块和再生混凝土板材。这种新技术不仅和中国当代的节约能源与保护环境的政策相吻合,也给建设单位带来了非常可观的经济效益。

大多数学者认为再生混凝土的抗压强度比普通混凝土低,尽管可能不同学者得到的降低程度不尽相同,由于混凝土本身的离散性,再加上也受到各地配制时采用材料性能的限制,导致把混凝土研究得非常精确是非常困难的,而且再生骨料也受到原废弃混凝土使用条件、使用年限、破碎程度、骨料内部缺陷等的影响,对于再生骨料和再生混凝土的研究更加复杂多变,因而也会有再生的比非再生的强度高的现象发生[31]。

近二三十年来,我国一直有学者对再生骨料和再生混凝土的课题进行研究,由于再生材料本身的缺陷等种种限制,直到今天国内的再生混凝土制造及再生骨料应用也没有达到一个对于我国废弃混凝土的处理起到重要影响的程度,对比今天的日本、美国及欧洲一些国家,我们仍然任重道远,仍然需要对再生混凝土的研究进行更多、更好的尝试。

1.2.2 再生大骨料自密实混凝土研究现状

结合自密实混凝土的优异性能再加上堆石混凝土技术的成功,可以很大胆地提出再生大骨料与自密实混凝土的组合,其理论可行及意义不必赘述,但对一种结构形式的研究不仅要定性分析,更要定量地对其进行分析,使之更加具有普遍适用性和科学研究价值,我国已有多位学者进行研究。

王林富[32]对粒径在100~150 mm的再生大骨料进行了基本性能测试,并对再生骨料堆石体的结构和级配特征进行了分析;配制C20自密实混凝土,试件的成型采用"普通型"和"抛石型"两种施工方式,试件抗压试验结果表明:再生大骨料自密实混凝土试件的破坏包括再生大骨料与自密实混凝土黏结处的界面发生破坏以及部分再生大骨料本身的断裂破坏,该混合混凝土的破坏模式、过程与普通混凝土的基本一致;再生大骨料强度越高,表面越粗糙,再生大骨料与自密实混凝土间的黏结强度越高;对棱柱体试件来说,其弹性模量与强度之间成比例,两者线性相关。

吴波等[33]通过对自密实再生混合混凝土的单轴受压试验的研究,得出如下结论:废弃混凝土块体与现浇自密实混凝土的交界处并不是明显的薄弱点;自密实再生大骨料混凝土组合的立方体强度、棱柱体强度和弹性模量均随着废弃混凝土块替代率的增大而逐渐降低,但废弃混凝土块替代率对组合立方体抗压强度的影响更大;给出了再生大骨料自密实混凝土的立方体强度和弹性模量的关系式,同时指出再生大骨料自密实混凝土的泊松比取值可以采用CEB-FIP中的泊松比。

李静等[34]对自密实再生大骨料混凝土梁正截面受力性质进行了研究,得出如下结论:试件符合平截面假设条件;试件的破坏过程分为分裂、屈服和破坏三阶段;天然毛石占比变多,一方面会使自密实再生大骨料混凝土过早开裂,另一方面,反而会提高自密实再生大骨料混凝土梁的极限荷载。

李静等[35]还研究了再生大骨料含水率对构件强度和外观的影响。研究结果表明:再生大骨料含水量越少,试件孔隙越多,蜂窝麻面现象严重,反之,再生大骨料含水量越高以致达到饱和状态,试件孔隙少,无明显缺陷;由饱和状态的再生大骨料制成的混凝土的强度明显高于干燥状态的再生大骨料制成的混凝土的强度。

1.2.3 钢管再生混凝土研究现状

研究学者们认为钢管再生混凝土[36]同样存在着与普通钢管混凝土一致的"相互作用",钢管再生混凝土凭借此种结构的优良性能,不仅使结构满足使用要求,还可以使再生混凝土与钢管相互补充,对两者都起到了一个扬长避短的作用,这样就给再生混凝土的实际应用开辟了道路,给此结构的发展提供了科学依据。

Wang 等[36]通过实验研究表明:再生骨料的来源对钢管再生混凝土试件的静力性能影响不大;再生骨料的加入使钢管再生混凝土在最大压缩载荷下的应变增加 10.8%～42.5%,整体试件的应变增大了,但是钢管却表现出了应变降低,而对应承载力上升的现象;再生混凝土抗压强度和含钢率对钢管再生混凝土短柱静力响应的影响与对钢管混凝土短柱静力响应的影响基本相同;该文献建议可通过修改现有钢管混凝土模型方程的一些关键参数来建立钢管再生混凝土构件的模型方程。不过该文献对于不同来源的再生混凝土,仅说明来源于实验室与废弃建筑,但对于两种来源的废弃混凝土的使用程度、龄期等都未说明。

Van[37]通过对比实验发现,钢管再生混凝土试件比纯钢管试件或者 RAC 试件具有更好的延性,比钢管混凝土试件极限承载力降低 11%。

Huang 等[38]提出一种钢管再生混凝土轴压加载的新力学模型,开发了一种新的数值程序,通过对钢管再生混凝土进行分析,认为该模型能够较好地反映钢管再生混凝土的力学行为。

Lyu 等[39]对钢管与再生混凝土的黏结性能进行了试验研究,探讨了化学键合、微观键合和宏观键合对黏结强度的影响机理,分析结果表明:截面类型和截面尺寸是影响钢管与再生混凝土芯结合强度的两个主要参数;钢管再生混凝土的黏结性能与钢管混凝土的黏结性能相似;提出了核心混凝土与外钢管黏结强度的经验计算公式。

吴波等[22]通过试验分析了钢管再生大骨料混凝土短柱的力学表现,得出如下结论:① 初始刚度与钢管内部是否填有再生大骨料无关,即无论是否填有再生大骨料,初始刚度具有一致性;② 当废弃混凝土的取代率为 32%～35% 时,极限抗压承载力与钢管内部是否填有再生大骨料无关,即无论是否填有再生大骨料,极限抗压承载力差别不大,同时也表现出相似的延性特征;③ 针对钢管全现浇混凝土短柱的 JCJ 01—89 规程的抗压承载力计算公式同样适合钢管自密实再生块体混合混凝土短柱。

吴波等[22]通过试验还研究了薄壁钢管再生混合柱的抗剪性,结果表明:① 废弃混凝土的替代率越高,薄壁钢管再生混合柱的抗剪承载力越低;② 节段型薄壁钢管再生混合柱的抗剪承载力和弹性刚度比块体型薄壁钢管再生混合柱的抗剪承载力要高。

郭红玲[40]从理论和试验两方面分析了薄壁圆钢管再生大骨料混凝土短柱的力学表现,结果表明:薄壁圆钢管再生大骨料混凝土短柱的承载力随着废弃混凝土取代率减少、含钢率增加而提高;此外,废弃混凝土和现浇混凝土的强度越接近,承载力越高;含钢率对薄壁圆钢管再生大骨料混凝土短柱延性系数的影响大于废弃混凝土取代率和混凝土强度;将国内外现有标准中关于全现浇圆钢管混凝土轴压承载力计算值与试验值进行了分析和比较,总结出适合于此类结构构件的轴压承载力关系式。

向星赟[41]通过钢管自密实再生混凝土轴压短柱试验得出以下结论,钢管截面形式对短柱破坏形态有影响,圆形截面试件的破坏形态主要是剪切型破坏,方形截面试件的破坏形态主要是局部鼓曲型破坏,圆形钢管比方形钢管的约束作用更好;再生骨料使用越多,试件承载力越低,但承载力受到的影响有限。

肖永良[42]通过试验和 ANSYS 详细研究了钢管再生混合混凝土轴压构件的力学表现,

得出如下结论:① 试件轴向压力极限值和长细比是负相关关系且试件延性系数受长细比的影响小;② 试件轴向压力极限值和长细比是正相关关系,但试件轴向压力极限值的提高系数和长细比是负相关关系,此外试件延性系数和长细比同样也是负相关关系;③ 试件轴向压力极限值和含钢率是正相关关系,且试件延性系数和含钢率同样也是正相关关系。

王维浩[43]通过 ABAQUS 详细研究了方钢管再生混凝土纯弯构件的力学行为表现,得出以下结论:① 再生粗骨料替代率与抗弯承载力是负相关关系,且随着再生粗骨料替代率从 0 到 100% 变化,抗弯承载力的变化范围一般为 4%~5%;② 混凝土强度与抗弯承载力是正相关关系;③ 钢材屈服强度和抗弯承载力是正相关关系;④ 混凝土强度对极限抗弯承载力的影响程度和钢材屈服强度对极限抗弯承载力的影响程度是负相关关系;⑤ 探讨了此类构件抗弯承载力计算方法。

杨有福等[44]探究了再生粗骨料取代率对不锈钢管再生混凝土试件受弯性能的影响,结果表明:不锈钢管再生混凝土试件的极限抗弯承载力随着再生粗骨料取代率的增大而出现了降低的趋势。

杨丹等[45]探究了再生粗骨料取代率对再生粗骨料混凝土梁的破坏形态特征和极限抗弯承载力的影响,得到如下结论:① 梁的损坏特征为适筋梁破坏;② 再生粗骨料含量与弹性刚度是负相关关系;③ 与普通混凝土梁相比,再生粗骨料混凝土梁极限抗弯承载力平均降低 12.91%;④ 与普通混凝土梁相比,再生粗骨料混凝土梁极限挠度平均增加 14.64%;⑤ 探讨了此类构件受弯承载力计算方法。

朱振[46]研究了薄壁圆钢管轻骨料混凝土中长柱的轴压性能,考虑的变量为核心轻骨料混凝土强度和钢管壁厚,对薄壁圆钢管轻骨料混凝土中长柱进行了静载试验。结果表明,薄壁圆钢管轻骨料混凝土中长柱的局部屈曲范围与短柱相似;整个加载过程可分为弹性阶段、弹塑性阶段和塑性阶段;轴压构件也出现与偏压构件相似的侧向弯曲变形。

徐礼华[47]对钢管自应力自密实高强混凝土中长柱偏心受压性能进行了研究。通过偏心受压试验,得到了试件的破坏模式、荷载-挠度曲线和荷载-应变曲线,分析了各参数对偏心受压构件力学性能的影响。结果表明偏心受压构件主要发生弯曲失稳破坏,构件的极限承载力随偏心距和长径比的增大而减小。

任志刚[48]考虑构件长度千分之一的初始弯曲,利用 ABAQUS 有限元软件建立了圆钢管混凝土柱的精细化有限元分析模型,比较了短柱、中长柱和长柱的性能差异,并得到了圆钢管混凝土的界限长细比。结果表明:短柱为强度破坏,中长柱为弹塑性失稳破坏,长柱为弹性失稳破坏;在其他条件相同的情况下,圆钢管混凝土中长柱的极限承载力和延性与长细比呈负相关,与钢材强度和钢管壁厚呈正相关。

闻洋[49]对薄壁圆钢管再生混凝土混合中长柱的受力机理和力学性能进行了研究。以含钢率、再生块体置换率和长细比为试验参数,设计了 12 根薄壁圆钢管再生混凝土混合中长柱,分析了其破坏形式和特点。对荷载-纵向位移曲线及影响承载力的因素进行了深入研究。结果表明:当块体置换率从 20% 增加到 60% 时,试件的极限承载力有一定程度的降低,延性没有明显变化;当含钢率从 3.8% 增加到 7.9% 时,后期承载力提高约 30%;当长细比从 25 增大到 35 时,试件的极限承载力减小,但减小幅度不明显。

1.3 再生大骨料自密实混凝土立方体抗压强度研究

对于再生大骨料自密实混凝土结构,其本质是自密实混凝土与再生混凝土(再生大骨料)的混合,所以混凝土强度不能像普通的混凝土那样计算,目前学者通过对混合构件进行大量的试验研究,总结出自密实混凝土和再生大骨料的立方体配制强度的变化对再生大骨料自密实混凝土组合强度的作用规律,该公式通过废弃混凝土的混入率 η 将废弃混凝土强度和新拌混凝土强度结合起来,计算公式如下:

$$f_{cu,com} = \left(\frac{f_{cu,old}}{f_{cu,new}}\right)^{0.86\eta} f_{cu,new}(1-\eta) + \left(\frac{f_{cu,old}}{f_{cu,new}}\right)^{0.86\eta} f_{cu,old}\eta \tag{1-1}$$

式中 $f_{cu,com}$——再生大骨料自密实混凝土组合强度;

$f_{cu,new}$——自密实混凝土的立方体抗压强度;

$f_{cu,old}$——再生大骨料的立方体抗压强度;

η——再生大骨料的混入率。

本课题在研究过程中对上述再生大骨料自密实混凝土公式进行试验验证,数据对比结果见下文,在试件试验加载后获得的大量数据对比下,验证了该公式可满足基本计算要求。

第2章　钢管再生大骨料自密实混凝土短柱轴压性能研究

2.1　概述

对一种结构形式来说,对其力学性能的研究是基础,轴心受压是最基本的、理想化的受力状态,研究其轴心受压状态下的力学性能是研究其他荷载作用下力学行为的基础,因而对钢管再生大骨料自密实混凝土进行轴心受压试验研究是非常有必要的。本章节设计制作了9组钢管再生大骨料自密实混凝土短柱试件,对其分别进行轴心受压试验。总结自密实混凝土强度、再生大骨料强度、再生大骨料粒径和钢管壁厚四种参数的变化对试件轴心受压性能的影响规律,观察试验现象,并对试件在轴压荷载下的破坏过程、荷载-应变曲线、承载及变形能力进行讨论研究。以轴压试验数据为基准,对目前各国应用比较广泛的钢管混凝土结构的计算公式进行比较,从而为钢管再生大骨料自密实混凝土短柱这一结构形式寻找一种合适的极限承载力计算公式。利用 ABAQUS 对钢管再生大骨料自密实混凝土短柱试件进行建模,对其轴心受压性能进行模拟分析。

2.2　钢管再生大骨料自密实混凝土轴心受压试验概况

2.2.1　材料性能试验

（1）钢材

采用 Q235 钢材,设计成三种壁厚($t=4$ mm、5 mm、6 mm),从三种厚度钢材上分别截取制作三个拉拔件,共9个试件,按照规范测试钢材性能,用游标卡尺对每一个拉拔试件取多个测点实测厚度和宽度,为了尽可能减小测量方式与钢材制造上的误差,使测量数据尽可能地准确,将多次测量的平均值作为钢材实际厚度。通过拉拔试验可以得到钢材的性能数据,将测得的钢材屈服强度 f_y、抗拉强度 f_u,以及通过试验数据计算得到的钢材弹性模量 E 和泊松比 μ 的数值列于表2-1中。根据规范[50]制作的拉拔件尺寸见图2-1。

表 2-1　钢材参数

t/mm	$t_\text{实}$/mm	f_y/MPa	f_u/MPa	E/MPa	μ
4	3.78	353	525	193 635	0.267
5	4.36	320	444	219 180	0.285
6	5.74	296	438	211 827	0.252

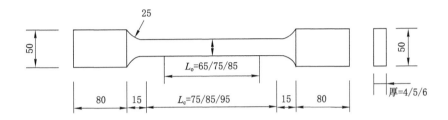

图 2-1　拉拔件尺寸

（2）再生大骨料

再生大骨料来源于原设计强度为 C30、C40、C50 的实验室废弃试件，龄期在半年到一年之间，回弹法检测废弃混凝土试件的强度分别为 30.4 MPa、47.1 MPa、53.1 MPa，通过自制 50 mm、80 mm、100 mm、130 mm 方孔筛筛分成 50～80 mm、80～100 mm、100～130 mm 三个粒径范围，分别如图 2-2(a)、(b)、(c)所示。

（a）50～80 mm粒径区间的RBA　（b）80～100 mm粒径区间的RBA　（c）100～130 mm粒径区间的RBA

图 2-2　三种粒径区间的再生大骨料

（3）自密实混凝土

自密实混凝土（self-compacting concrete，SCC）按照自密实混凝土规范[51]要求计算配合比，组成材料采用普通硅酸盐水泥（P. O42.5）、一级粉煤灰、二级中区砂、粒径为 5～10 mm 的碎石、聚羧酸系高性能减水剂（液体，掺量为胶凝材料的 2%），经过反复试配后，根据流动性和强度要求确定最终 C30、C40、C50 配合比（表 2-2）。试验浇筑当天，同时制作 150

mm 立方体试块,与试件同条件同期养护,自密实混凝土立方体试块在轴压试验开始前一天测试,其抗压强度值列于表 2-2。

表 2-2 自密实混凝土配合比及立方体抗压强度

强度等级	水泥 /(kg/m³)	粉煤灰 /(kg/m³)	水 /(kg/m³)	石子 /(kg/m³)	砂 /(kg/m³)	SCC 实测强度 /MPa
C30	355	133	217	880	751	51.1
C40	378	112	217	880	787	55.5
C50	403	98	207	880	787	60.3

2.2.2 试件分组

设计制作 9 根轴压短柱试件,根据钟善桐[52]建议,本书取试件设计长径比 $L/D=3$,外径 200 mm,柱长 600 mm,以 $t=4$ mm/5 mm/6 mm 三种壁厚作为试验参数,$D/t>20$,故试件也属于薄壁钢管;采用直缝焊接,上下焊接两块尺寸为 240 mm×240 mm×20 mm 的同材料钢板,含钢率(α)分别为 8.5%、10.8%、13.2%,具体参数见表 2-3。

表 2-3 轴压试件参数

编号	L /mm	D /mm	SCC 立方体抗压强度实测值 /MPa	RBA 立方体抗压强度实测值 /MPa	RBA 粒径区间 /mm	钢管壁厚实测值 /mm	α/%	RBA 混入量 /%	轴压承载力 /kN
Z5-4-2-4			60.3	47.1	80~100	3.78	8.5	32.27	2850
Z5-4-2-5			60.3	47.1	80~100	4.36	10.8	32.27	2893
Z5-4-2-6			60.3	47.1	80~100	5.74	13.2	32.27	2963
Z5-4-1-5			60.3	47.1	50~80	4.36	10.8	36.96	2812
Z5-4-3-5	600	200	60.3	47.1	100~130	4.36	10.8	29.9	2925
Z5-3-2-5			60.3	30.4	80~100	4.36	10.8	32.27	2736
Z5-5-2-5			60.3	53.1	80~100	4.36	10.8	32.27	3090
Z3-4-2-5			51.1	47.1	80~100	4.36	10.8	32.27	2682
Z4-4-2-5			55.5	47.1	80~100	4.36	10.8	32.27	2793

注:试件命名方法:标号第一个字母 Z 代表轴压,后面数字按前后顺序分别表示:自密实混凝土强度缩写(例如 C40 写为 4),再生大骨料强度缩写,再生大骨料粒径分区(按粒径从小到大分为 1、2、3 三个区段,如区段 1 代表粒径 50~80 mm),钢管壁厚代号,并用"-"隔开。

2.2.3 试件浇筑

将 9 个空钢管对中焊接下盖板,在正式制作钢管再生大骨料自密实混凝土短柱试件前,将石子用 5 mm、10 mm 方孔筛筛分,并反复清洗,将砂晒干,并将再生大骨料放入水中浸泡 24 h,在"饱和面干"状态下使用。试件内部填入再生大骨料以自然堆满为准,为保证相同粒径分区的大骨料的填入量相同,预先反复填充多次,填充到离钢管口大约 40 mm 位置,然后为保证相同钢管中相同粒径区间的再生大骨料填入总质量相似,对填入的再生大骨料进行适当增减。称量每个试件中填入的再生大骨料的质量与浇筑后试件的总质量,除去钢管质量后,将 RBA 质量与 RBA 和 SCC 总质量的比值近似看作再生大骨料混入量,本次试验中 50～80 mm 粒径区间的再生大骨料的混入量为 36.96%,粒径区间 80～100 mm 的每个试件的再生大骨料混入量为 32.27%,粒径为 100～130 mm 的混入量为 29.9%,混入量如表 2-3 所示。

正式浇筑时仿照"堆石混凝土"施工方式,将再生大骨料与自密实混凝土交替填入,首先将 SCC 倒入钢管底部约 20 mm,然后放入 2 层再生大骨料,再浇筑 SCC,保证 SCC 能够淹没最上层再生大骨料一半的位置,再继续填入再生大骨料,然后再浇筑 SCC,直至最终填充至 SCC 高出钢管表面。

图 2-3　试件浇筑

浇筑完成后于沈阳建筑大学结构试验室内采用薄膜覆盖养护,并且每日进行两次洒水养护,养护 28 d。试件养护完成后将钢管上部打磨平整,有凹陷处采用辽宁省交通规划设计院生产的混凝土快速修补料填充抹平,然后将上盖板对中后焊接。为了防止试验中出现试件端部破坏,导致不能测到整体破坏的意外情况,在试件两端设置了加劲肋。试件浇筑及养护见图 2-3、图 2-4。

图 2-4　试件养护

2.2.4　立方体试块抗压强度测试

如图 2-4 所示,在试件浇筑时同时制作 8 组边长为 150 mm 的标准立方体试块,每组 3 个共 24 个,其中 3 组分别为 C30、C40、C50 的纯自密实混凝土立方体试块,每组各三块,另外 5 组为强度各不相同的自密实混凝土和再生大骨料的混合试块。考虑到钢管再生大骨料自密实混凝土短柱试件中的钢管内混入的 SCC 与 RBA 强度各不相同,故其 SCC 与 RBA 的组合强度也不同。为了预测短柱试件内两种混凝土的组合强度,因此在浇筑时按照短柱试件中两种混凝土的组合方式同样每组制作 3 个立方体试块,进行抗压强度测试,作为短柱试件中两种混凝土组合强度的参考,寻找 SCC、RBA 强度变化对其组合强度的影响规律,这将在 2.3.1 小节进行阐述。

立方体试块的抗压强度测试按照规范[53]进行测试。24 个标准立方体试块与试件同时浇筑、同期同条件养护,在进行钢管再生大骨料自密实混凝土短柱的轴心受压试验前,在沈阳建筑大学材料实验室 200 t 压力机上对其进行抗压强度测试,其中纯自密实混凝土试块抗压强度已在表 2-2 中列出,其余试块抗压强度见表 2-4,试块抗压试验装置见图 2-5。

表 2-4　立方体试块强度

强度组合	Cube1	Cube2	Cube3	Cube4	Cube5
SCC 强度/MPa	51.1	55.5	60.3	60.3	60.3
RBA 强度/MPa	47.1	47.1	47.1	30.4	53.1
RBA 混入量/%	20.64	20.55	20.67	20.34	20.58
抗压强度实测/MPa	48.8	54.6	56.1	56.2	57.5

图 2-5　立方体抗压试验装置

为了更好地对采用两种不同比例混凝土混合的立方体试块的抗压强度进行研究,需要知道试块中再生大骨料的混入量。对试块中再生大骨料的混入量采用两种方式进行测量:其一,在浇筑前对放入的再生大骨料进行称重,浇筑后对整个试块进行称重,比较再生大骨料与试块的重量比;其二,将大骨料放入水中浸泡,待其吸水饱和后采用"排水法"测其体积,对再生大骨料和试块体积进行体积比。发现两种方式测量的结果基本一致,说明在本试验条件下,两种混凝土的密度相差不大,为了与钢管再生大骨料自密实混凝土试件的混入量取法保持一致,故这里取第一种测量方式的结果作为立方体试块中再生大骨料的混入量,5 组 150 mm×150 mm×150 mm 立方体块中再生大骨料混入量及立方体抗压强度实测值见表 2-4。

2.2.5　试验加载及测量

试验前先进行试验准备工作,将钢管中部打磨光亮,并用 502 胶水沿钢管表面每隔 90°粘贴横向、竖向两片电阻应变片,共 8 片电阻应变片,测量试件在轴心受压下的横向、竖向应变;在试件的两侧分别设置两个竖向位移计,用以测量整体变形,如图 2-6 所示。

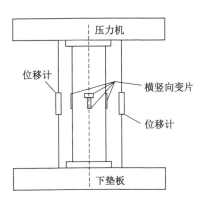

（a）试验加载装置　　　　　（b）加载装置示意图

图 2-6　轴压试验加载装置

钢管再生大骨料自密实混凝土短柱轴心受压试验在沈阳建筑大学结构工程实验室的 10 000 kN 压力机上进行,试验加载全过程采用位移控制。为更好地进行加载试验,检查测试仪器设备的工作状况以及应变片和位移计数据读取是否正常,在正式加载前先进行不超过 30% 预计极限荷载值的预加载;然后进行正式"分级"加载,在达到极限承载力之前的每一级加载完成后,进行不超过 3 min 不少于 2 min 的持荷状态,根据测试采集仪器上荷载-位移曲线下降段状态或试件出现较大变形时结束加载;试验数据均由电脑每隔一秒自动采集。

2.2.6　试验过程及破坏形态

试验刚开始没有任何明显现象,当加载到试件极限承载力的 70%～80% 时,试件整体并看不出变化,但可以看到钢管表面出现发亮的一层覆盖物,见图 2-7(a),摸一下钢管表面,随即手上粘有脱落的黑漆铁锈,有的钢管表面出现许多细长纹路,见图 2-7(b),偶尔伴随着钢管内部发出的轻微响声。在达到试件极限承载力前,钢管表面逐渐变粗,但是不很明显,钢管四周也没有明显鼓曲。待继续加载达到试件极限荷载后,试件荷载开始下降,这时压力机继续加载,会发现试件中上部先开始出现较为明显的鼓曲,随着加载的继续,钢管表面的鼓曲继续加大,中下部也开始出现鼓曲,并且随着试验进行,鼓曲一直在不断增大,钢管内部不时出现较大响声。随着试验继续,试件荷载快速下降,鼓曲非常明显,钢管整体变粗明显,停止试验。钢管再生大骨料自密实混凝土短柱试件最终破坏时均呈现中上部和中下部的斜向对称鼓曲,轴压试件的变形见图 2-8。

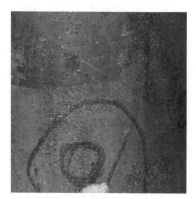 

（a）钢管表面纹路1　　　　　　　　（b）钢管表面纹路2

图 2-7　加载时钢管表面现象

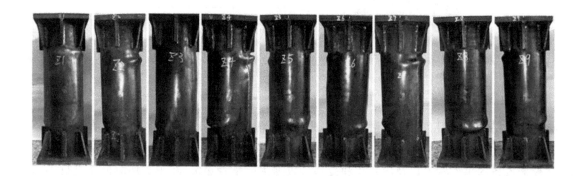

图 2-8　轴压试件变形图

从试件表面看,破坏表现为柱中上部或者中下部呈斜向对称的鼓曲变形,即"剪切形"破坏,这与韩林海提出的普通钢管混凝土的破坏特征相似,也与刘业试验中钢管自密实混凝土的破坏形式一致。钢管表面剥开后的典型内部破坏如图 2-9 所示。所有试件的内部混凝土的破坏形式均为从试件左上方到右下方或者从右上方到左下方的斜向开裂,裂缝从内部核心混合混凝土的一端斜向延伸到另一端,裂缝开裂方向与试件轴向大致呈 45°,呈现剪切型破坏,试件钢管表面中部及中上部或者中下部出现外鼓,对应内部混凝土出现凸起并开裂、破碎。

从图 2-9 可见试件浇筑良好,内部再生大骨料与自密实混凝土试件浇筑良好,两者间接触面黏结完好,除少量由于气泡未排除产生的小孔洞外,整体上钢管与核心混合混凝土的接触面光滑,表面整齐,说明浇筑方法可行。破坏原因为混凝土的压碎和钢管达到屈服后试件整体的强度达到极限后的破坏,如图 2-9 中"正"面上部和"反"面下部均出现钢管表面鼓曲,内部混凝土被压碎,从"正"面看,有由上部延伸到左侧面的可视微裂缝,证明钢管再生大骨料自密实混凝土的破坏为剪切型破坏。图 2-9 中"左""右""反"面图所示破坏是因为在剥开另一面的钢管时使内部混凝土整体沿着斜向的裂缝破裂开而导致,在完全剖开另外几个钢管时也出现了此种情况,这也说明了钢管再生大骨料自密实混凝土在轴压荷载下因"核心混合混凝土"发生微裂缝,并逐渐发展为斜向的贯穿裂缝而发生斜向剪切型破坏。

内部混凝土的断面图如图 2-10 所示,可见"核心混合混凝土"的破坏为内部整体发生开裂破碎所致,混合混凝土中的 SCC 与再生大骨料黏结良好,从破碎程度上看,并不能判断破碎的是 SCC 还是再生大骨料中的粗骨料,可以认为再生大骨料与 SCC 这两种新旧混凝土的黏结组合可以达到与新拌自密实混凝土一样的效果。

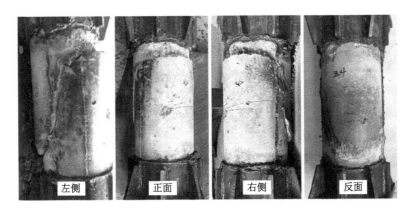

左侧　　正面　　右侧　　反面

图 2-9　核心混合混凝土破坏图

图 2-10　核心混合混凝土破坏断面图

2.2.7 试验结果及分析

2.2.7.1 荷载-竖向应变曲线

荷载-竖向应变曲线随试件受压全过程,并且随着试件的变化而相应地出现变化,仔细分析这些曲线,可以对钢管再生大骨料自密实混凝土短柱试件的轴心受压性能有一个较为全面的了解。

本小节将对 9 根试件的荷载-竖向应变曲线进行分析,本试验的竖向应变可由钢管两侧电测位移计采集到的位移值除以试件高度通过计算得到,也可以直接由钢管中部的应变片采集得到。从多数学者[54]的分析来看,由于"弓弦效应"以及内部混凝土的压碎等原因造成两种方式得到的荷载-竖向应变曲线是不同的,应变片测得应变总是小于位移计测得应变。现将两种方式下得到的 9 根试件的荷载-竖向应变曲线绘制于图 2-11 中,了解在本书钢管中加入这种大掺量的、大的废弃混凝土块体的情况下,两种曲线的不同之处。

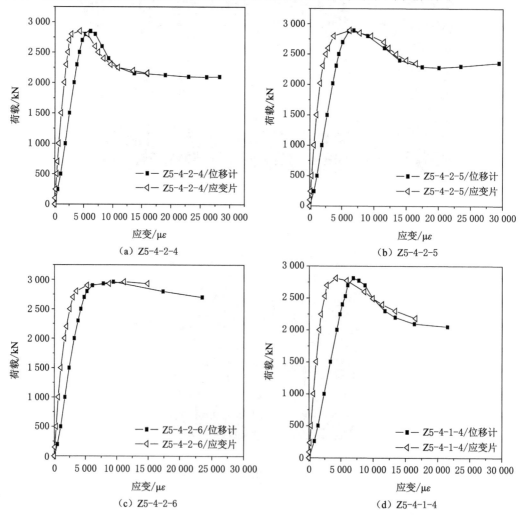

（a）Z5-4-2-4　　　　　　　　（b）Z5-4-2-5

（c）Z5-4-2-6　　　　　　　　（d）Z5-4-1-4

图 2-11　位移计计算值与应变片采集值下的荷载-竖向应变曲线的比较

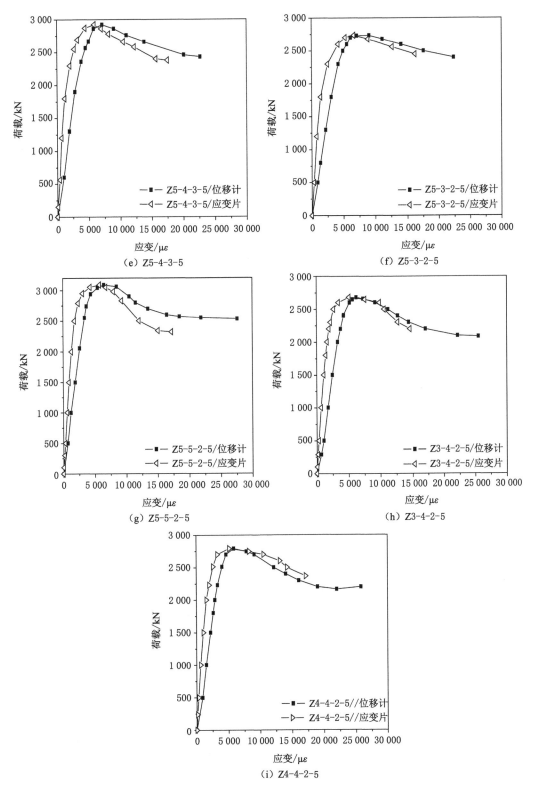

图 2-11 （续）

　　9根试件的荷载-竖向应变曲线首先从整体图像趋势上看与典型曲线趋势一致,皆包括上升段、下降段,最明显的特征是位移计测得荷载-应变曲线的上升段的数据应变值大于应变片测得数值。应该说明:由于测量应变片最大量程为 20 000 微应变[①],故应变片数据全都在 20 000 微应变以内;而位移计测得应变在 40 000 微应变左右,为了更加明显地表现两种曲线的差异,舍弃了位移计测得的 30 000 微应变之后的数值。但是从位移计测得的竖向应变上来看,试件在 20 000~25 000 微应变后出现荷载的回升,这种变化与蔡绍怀[54]指出的钢管混凝土轴压短柱的荷载变形曲线特点相吻合,钢管混凝土轴压短柱的荷载-竖向应变曲线会出现上升段和下降段以及下降段之后的二次上升段和下降段,本试验中钢管再生大骨料自密实混凝土短柱的荷载-竖向应变曲线也大都出现了上升段、下降段以及下降段后的第二次上升。本试验过程中并未将试验进行到出现第二峰值点那一步,而是根据实际试验情况在出现下降段并且钢管外表面出现较大变形后即停止试验,因为在试验过程中发现在加载后期,曲线出现下降段后,随着变形的加大,在焊缝处容易出现开裂,数据误差较大,也比较危险。

　　由位移计测得的试件的荷载-竖向应变曲线在第一次下降之后出现了第二次的上升段,从图 2-11(b)、(i) 中可以比较明显看出,这是因为随着核心混凝土的压碎,核心混合物径向变形加大,钢管的约束作用逐渐加强,整体试件内力重分布,表现出一定的延性和荷载回升的现象,这说明由于钢管的作用,再生大骨料自密实混凝土在承载力后期也会表现出与普通钢管混凝土在承载力后期一致的承载性能。在弹性阶段后、极限荷载前,通过应变片测量的构件荷载-竖向应变曲线要明显小于位移计测量的结果,这与蔡绍怀论证的普通钢管混凝土轴压短柱的两种曲线的差别一致,而在极限荷载之后两者吻合较好;出现这种变化的原因应该是由于上下盖板及加劲肋的作用导致极限荷载前钢管的受力响应主要发生在上部和下部,而极限荷载后试件整体的变形主要发生在中部区域附近,因而从图像上看应变片数据在达到极限荷载后开始追平位移计测得数据,这也是因为钢管中部区域在屈服后变形增大导致的应变片数据快速增大。

　　虽然从图 2-11 中可以很明显看出应变片测量数据要小于位移计测量数据,出现这种现象的原因固然有因为钢管局部屈曲、内部混凝土开裂等现象导致的中部变形小于位移计测得的整体变形;但是不可否认的是,在试验准备阶段,存在着位移计的放置误差,在试验的加载初期还存在着位移加载中压头位移的出现和试件整体并未真正受力的误差,并且位移计数据是通过除以试件整体高度而计算得到,这些都会导致位移计的测量偏大,而应变片测量的数据相对来说误差要小。考虑到上述原因,接下来用到的荷载-应变曲线将统一采用应变片测量数据绘制。

2.2.7.2　荷载-横向应变曲线

　　由钢管中部的横向应变片可以测得试件在轴压荷载下的钢管外表面的横向应变值,与竖向应变取值一致,根据应变片量程,去除因个别应变片脱落产生的废弃数据,现将四个方向的测量值取均值后,绘制试件荷载-横向应变曲线,如图 2-12 所示。

----

　　① 为方便表述,本书中微应变在图中用 $\mu\varepsilon$ 表示。

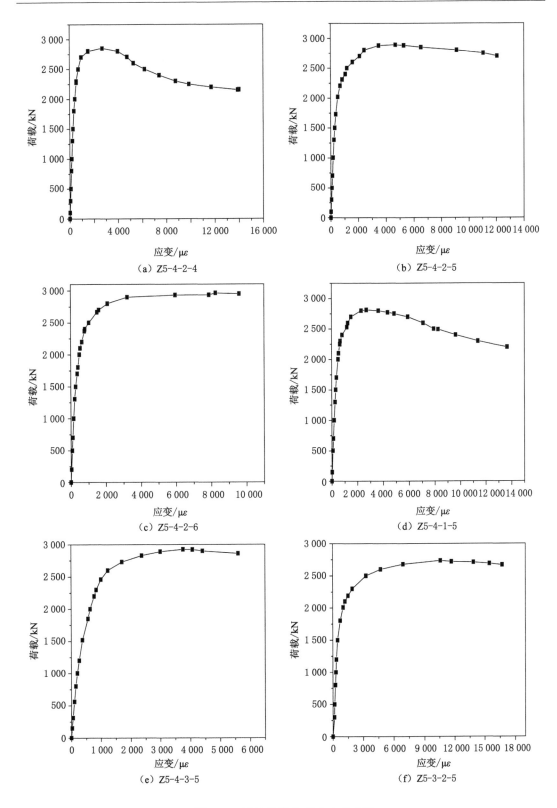

图 2-12　试件的荷载-横向应变曲线

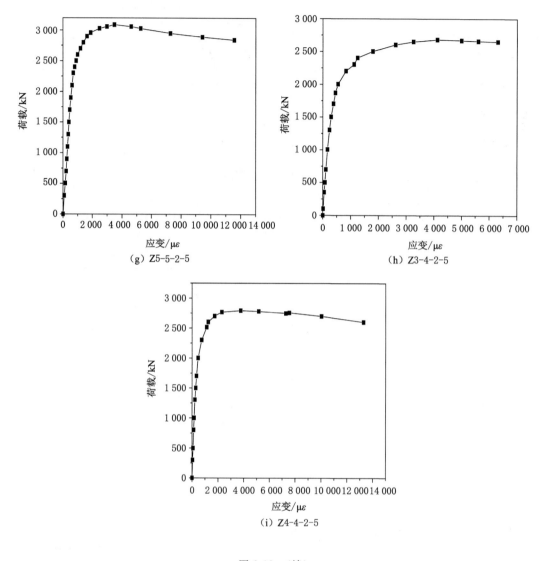

图 2-12 （续）

2.2.7.3 参数变化对荷载-竖向应变曲线的影响

（1）钢管壁厚的影响

如图 2-13(a)所示,试件极限承载力与钢管壁厚成正相关,壁厚的增大使承载力变大,说明钢管壁厚越大,则钢管承载能力越大,对钢管再生大骨料自密实混凝土短柱试件总载力的贡献就越大;结合表 2-3 可知,设计壁厚为 6 mm 的试件比壁厚 5 mm 的试件的极限承载力增大 2.42%,设计壁厚 5 mm 的试件比设计壁厚为 4 mm 的试件极限承载力增大 1.51%,对比 4 mm、5 mm、6 mm 壁厚钢管的实测壁厚发现,4 mm 与 5 mm 之间实测相差 0.58 mm,而 6 mm 与 5 mm 之间实测壁厚相差 1.36 mm,可知钢管壁厚增加越大则对应的试件承载力也增加越大,但是从承载力上看,钢管壁厚增大 2 mm 以内对 RBA-SCCFST 短柱试件的承载力提高有限。

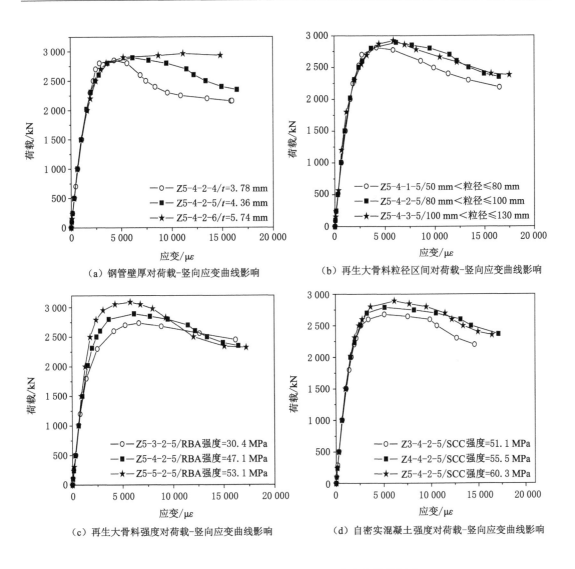

（a）钢管壁厚对荷载-竖向应变曲线影响　　　　（b）再生大骨料粒径区间对荷载-竖向应变曲线影响

（c）再生大骨料强度对荷载-竖向应变曲线影响　　（d）自密实混凝土强度对荷载-竖向应变曲线影响

图 2-13　四种参数变化对荷载-竖向应变曲线的影响

　　在极限承载力之前三条曲线走势相似,差别不是很明显,但从图 2-13（a）中可以很明显地看出,三条曲线在极限承载力之后的走势变化比较大,表现为壁厚越大,曲线下降段斜率变小,即曲线走势越来越平缓,对于壁厚为 6 mm 的试件其极限承载力出现较晚,对应的极限应变也更大,而且在 15 000 微应变之前下降段并不明显,可见壁厚的增大对 RBA-SCCFST 短柱试件的承载力后期的延性提高很大;可以认为钢管壁厚在本书的参数范围内,其变化对圆形截面钢管再生大骨料自密实混凝土短柱的贡献主要体现在极限承载力之后对核心混合混凝土的约束作用,由于外钢管的约束使得内部核心混合混凝土处于三向受压状态,在提高承载力的同时,很好地限制了核心混合混凝土的径向变形,使得整体试件表现出良好的延性,而且由于内部核心混合物的支撑,使得外部钢管没有过早地出现局部鼓曲。

（2）再生大骨料粒径的影响

如图 2-13（b）所示,粒径区间为 100～130 mm 的试件极限承载力为三种区间中最大的,粒径区间为 80～100 mm 的试件极限承载力次之,粒径区间为 50～80 mm 的试件极限承载力最小,这是因为三种粒径区间的不同导致了再生大骨料在钢管中的混入量是不同的,根据前面的混入量测量结果可知在自然堆满情况下,粒径区间越小的再生大骨料在钢管中的填充量越大,也就造成了再生大骨料与自密实混凝土混合后的混合强度降低,而在实际测量中粒径区间为 50～80 mm 的再生大骨料混入率为 36.69％,粒径区间为 80～100 mm 的混入率为 32.27％,粒径区间为 100～130 mm 的混入率为 29.9％,也就造成了本试验出现的粒径越大强度越高的情况,这与再生混凝土的强度规律一致,即再生混凝土占比越大,则整体强度越低;同时,也导致了粒径区间为 80～100 mm 的试件极限承载力与粒径区间为 100～130 mm 的试件极限承载力差距（1.11％）,要小于 50～80 mm 和 80～100 mm 之间的差距（2.88％）。

从图 2-13（b）上可见,粒径区间为 100～130 mm 的试件荷载-竖向应变曲线在极限承载力后期与粒径区间为 80～100 mm 的试件差别不大,但极限承载力之后粒径区间为 80～100 mm 的试件承载力下降得要更慢一些,曲线更加平缓;粒径区间为 50～80 mm 的试件达到极限承载力时的极限应变要小于粒径区间为 80～100 mm 和 100～130 mm 的试件的极限应变,而后两者相似,可见再生大骨料粒径越小,RBA-SCCFST 的极限应变越小。

（3）再生大骨料强度的影响

如图 2-13（c）所示,试件的极限承载力强度随着再生大骨料强度的升高而升高,再生大骨料强度差为 16.7 MPa 时,试件极限承载力变化为 5.74％,再生大骨料强度差为 6 MPa 时,试件极限承载力变化为 6.81％。考虑到试验误差的影响,再生大骨料强度在 30～55 MPa 之间变化时,有了更高强度的自密实混凝土的作用,再生大骨料的强度变化对试件极限承载力影响不大,且再生大骨料强度变化对试件极限承载力后期曲线的下降段影响有限,可见在极限承载力之前的弹塑性段,强度越大曲线斜率越大,即 RBA-SCCFST 短柱试件刚度越大。三种再生大骨料强度的试件在曲线弹性阶段变化一致,说明在弹性阶段三种试件刚度相似;在极限承载力后期,可见混有 C30 再生大骨料的试件强度下降更加平缓,说明其延性更好,也说明了在本试验参数下,核心混合混凝土的强度越低,外钢管对其的约束性能越好。

（4）自密实混凝土强度的影响

如图 2-13（d）所示,试件的极限承载力随着自密实混凝土强度的升高而增大,因为本试验配制的自密实混凝土强度偏高,并且三种自密实混凝土的实测强度差别较小,因而导致自密实混凝土强度的提高对试件极限承载力的提高不大,并非是自密实混凝土强度变化对试件承载力的变化影响不大。结合表 2-2 可知,三种自密实混凝土的强度差别较小,自密实混凝土强度为 51.1 MPa 的试件承载力比自密实混凝土强度为 55.5 MPa 的试件承载力低 4.14％,自密实混凝土强度为 55.5 MPa 的试件承载力比自密实混凝土强度为 60.3 MPa 的试件承载力低 3.58％,这也说明了自密实混凝土强度与再生大骨料强度差别越大时,对试件的整体强度起到一个降低的作用,而且自密实混凝土强度的变化对试件承载力的影响比较明显。从图 2-13(d)可知,本试验三种自密实混凝土强度的变化对试件荷载-竖向应变曲线的影响很有限,不管是曲线的上升段还是下降段,三种曲线的变化很一致。

2.2.7.4　参数变化对荷载-横向应变曲线的影响

将四种参数对荷载-横向应变曲线的影响分别进行比较,如图 2-14 所示。通过比较发现,再生大骨料强度变化下的荷载-横向应变曲线与荷载-竖向应变曲线比较接近;钢管壁厚变化、再生大骨料粒径变化和自密实混凝土强度变化下的荷载-横向应变曲线与荷载-竖向应变曲线略有不同。四种参数变化对构件极限承载力的影响是一致的。

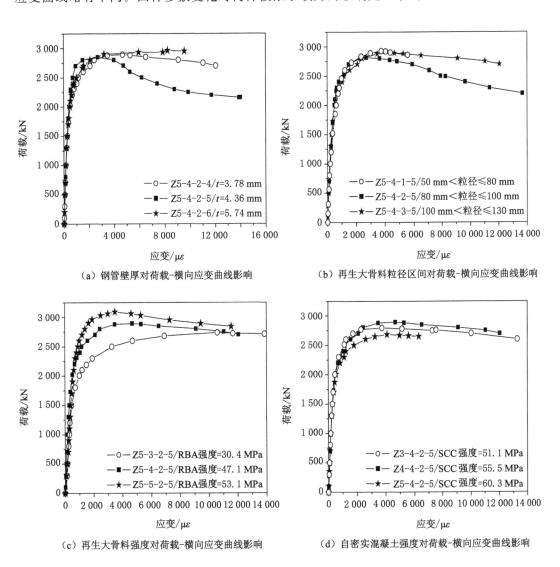

（a）钢管壁厚对荷载-横向应变曲线影响　　　（b）再生大骨料粒径区间对荷载-横向应变曲线影响

（c）再生大骨料强度对荷载-横向应变曲线影响　　　（d）自密实混凝土强度对荷载-横向应变曲线影响

图 2-14　四种参数变化对荷载-横向应变曲线的影响

2.3 钢管再生大骨料自密实混凝土短柱轴压承载力计算研究

2.3.1 国内外钢管混凝土轴压承载力计算公式

由于钢管和核心混凝土之间的相互作用,钢管混凝土结构表现出了优异性能,但是也正因为这种相互作用的存在,使钢管混凝土的受力比较复杂,目前基于对钢管混凝土的认识,每个国家都有相应的计算方式,并出台了一些针对性的规范,现在列举国内外应用较广泛的一些规范进行计算分析。本节将把2.2节的试验数据代入这些公式中分别计算,并将计算结果与试验数据进行比较分析。

(1)基于极限平衡理论的计算公式

极限平衡理论认为结构的极限承载力与结构的加载过程无关,也无须考虑变形过程,结构在极限状态时会处于一种平衡状态,根据此平衡状态下的平衡条件,通过计算得到结构的极限承载力,Gvozdev教授首先在钢管混凝土轴压短柱的极限承载力计算中使用此种方法。使用该方法需要以下假定:首先,忽略结构的整体变形,不考虑结构几何尺寸的变化,始终按变形前的尺寸来进行平衡方程的计算;其次,结构的"元件"的屈服条件是稳定的,变形的变化不会改变其屈服条件,也可以统一假设为忽略结构的弹性变形;第三,结构按准静力式加载。

蔡绍怀[54]基于极限平衡理论提出的极限承载力的计算公式,同时也是被我国的《钢管混凝土结构设计与施工规程》(CECS 28:90)所引用的计算公式:

$$N_0 = \begin{cases} A_c \cdot f_c(1+2\theta) & \theta \leqslant 1.235 \\ A_c \cdot f_c(1+\sqrt{\theta}+1.1\theta) & \theta > 1.235 \end{cases} \tag{2-1}$$

$$\theta = \frac{A_s f_s}{A_c f_c} \tag{2-2}$$

式中 N_0、θ——钢管混凝土柱的极限承载力和套箍指标;

A_s、f_s——钢管的横截面积和屈服强度;

A_c、f_c——核心混凝土的横截面积和轴心抗压强度。

(2)基于统一理论的计算公式

统一理论[52]是我国学者钟善桐于1997年提出的,他认为钢管混凝土是钢管和混凝土组成的组合材料,计算时可将两者统一,按照一致的公式进行设计计算;钢管混凝土的组合性能受到多种因素影响,包括两种材料本身的变化、不同的含钢率、不同截面形式及内部应力状态的变化等,并且随着上述因素变化而呈现连续性的系列化变化;受到两种及以上的不同荷载作用时,这些荷载在钢管混凝土结构中引起的荷载效应共同组成钢管混凝土承载力的极限状态。

钟善桐[52]提出了基于统一理论的承载力计算公式:

$$N_0 = A_{sc} \cdot f_{sc} \tag{2-3}$$

$$f_{sc} = (1.212 + B\xi_0 + C\xi_0^2)f_c \tag{2-4}$$

$$B = \frac{0.175\ 9f_y}{235} + 0.974 \tag{2-5}$$

$$C = -\frac{0.103\ 8f_c}{20} + 0.030\ 9 \tag{2-6}$$

$$\xi_0 = \frac{A_s f_y}{A_c f_c} \tag{2-7}$$

式中　N_0、ξ_0——钢管混凝土的承载力、套箍系数；

　　　A_{sc}、f_{sc}——钢管混凝土的组合截面积和组合抗压强度；

　　　f_y——钢材的屈服强度；

　　　f_c——混凝土轴心抗压强度；

　　　A_s、A_c——钢材和核心混凝土的横截面积。

（3）基于韩林海提出的计算公式

韩林海[27]在钟善桐基础上，通过大量数据分析计算提出了如下公式：

$$N_u = A_{sc} \cdot f_{scy} \tag{2-8}$$

$$f_{scy} = (1.212 + B\xi + C\xi^2) \cdot f_c \tag{2-9}$$

$$B = 0.175\ 9\left(\frac{f_y}{235}\right) + 0.974 \tag{2-10}$$

$$C = -0.103\ 8\left(\frac{f_c}{20}\right)^b + 0.030\ 9 \tag{2-11}$$

$$b = \begin{cases} 1 & f_c \leqslant 41\ \text{MPa} \\ \left(\frac{f_c}{41}\right)^{0.1}\left(\frac{450}{f_y}\right)^{0.4} & f_c > 41\ \text{MPa} \end{cases} \tag{2-12}$$

$$\xi = \frac{A_s f_y}{A_c f_c} \tag{2-13}$$

式中　N_u、ξ——钢管混凝土的承载力、约束效应系数；

　　　A_{sc}、f_{scy}——钢管混凝土横截面积、轴心受压时的强度指标；

　　　f_c、f_y——混凝土轴心抗压强度、钢材屈服强度；

　　　B、C、b——计算系数。

韩林海[27]通过大量的数据分析指出在约束效应系数 $\xi = 0.2\sim5$ 范围内，对于圆钢管混凝土，上式中 f_{scy} 计算公式可进行如下简化：

$$f_{scy} = (1.14 + 1.02\xi)f_c \tag{2-14}$$

可以看出，韩林海与钟善桐计算公式只有钢管、混凝土以及部分系数的取值不同，其余的计算方式是一致的。同时此种计算公式也被我国《钢-混凝土组合结构设计规程》（DL/T 5085—2021）、《战时军港抢修早强型组合结构技术规程》（GJB 4142—2000）和《钢管混凝土结构技术规程》（DBJ/T 13-51-2020）所采用。因本书所采用试验试件约束效应系数都在 0.45～0.66 之间，所以采用韩林海简化公式（2-14）进行计算。

（4）基于我国规范 JCJ 01—89 的计算公式

我国钢管混凝土结构设计与施工规程 JCJ 01—89 采用的计算公式：

$$N = \varphi(A_s f_s + K_1 A_c f_c) \tag{2-15}$$

式中　N——钢管混凝土轴向承载力；

　　　A_s、f_s——钢管截面积、屈服强度；

　　　A_c、f_c——核心混凝土截面积、混凝土轴心抗压强度；

　　　φ——钢管混凝土轴心受压杆件稳定系数，规范中查表可得；

　　　K_1——核心混凝土轴心抗压强度提高系数，规范中查表可得。

（5）基于美国 ACI 规范的计算公式

美国 ACI 规范[55]建议对圆形、方形、矩形截面钢管混凝土短柱统一采用如下公式：

$$N_u = 0.85 f'_c \cdot A_c + f_y A_s \tag{2-16}$$

式中　A_c、A_s——混凝土和钢管的横截面积；

　　　f'_c——直径 152.4 mm、高 304.8 mm 的混凝土圆柱体抗压强度；

　　　f_y——钢材屈服强度。

（6）基于欧洲 Eurocode 4 规范的计算公式

欧洲 Eurocode 4 规范[56]建议圆钢管混凝土短柱在 $\bar{\lambda} \leqslant 0.5$、荷载偏心距小于等于 $D/10$ 时，可采用如下公式计算：

$$N_u = \left(1 + \eta_c \cdot \frac{t}{D} \cdot \frac{f_y}{f'_c}\right) f'_c \cdot A_c + \eta_s \cdot f_y \cdot A_s \tag{2-17}$$

$$\eta_1 = 0.25(3 + 2\bar{\lambda}) \tag{2-18}$$

$$\eta_2 = 4.9 - 18.5\bar{\lambda} + 17\bar{\lambda}^2 \tag{2-19}$$

$$\bar{\lambda} = \sqrt{\frac{f'_c \cdot A_c + f_y \cdot A_s}{N_{cr}}} \tag{2-20}$$

$$N_{cr} = \frac{\pi^2 (EI)_{eff}}{(KL)^2} \tag{2-21}$$

$$(EI)_{eff} = E_s I_s + 0.6 E_c I_c \tag{2-22}$$

不考虑钢管长度的影响，简化为

$$N_u = \left(1 + 4.9 \frac{t}{D} \cdot \frac{f_y}{f'_c}\right) f'_c \cdot A_c + 0.75 f_y \cdot A_s \tag{2-23}$$

式中　η_s、η_c——计算系数；

　　　$\bar{\lambda}$——相对长细比；

　　　N_{cr}——弹性临界力；

　　　$(EI)_{eff}$——截面有效弹性刚度；

　　　K、L——有效长度系数、构件的自由长度；

　　　f'_c、f_y——混凝土圆柱体抗压强度、钢材屈服强度；

　　　A_c、A_s——核心混凝土和外钢管的横截面积；

　　　D、t——钢管外径和壁厚；

　　　E_s、E_c——钢材和核心混凝土的弹性模量；

　　　I_s、I_c——钢材和核心混凝土的惯性矩。

（7）基于日本 AIJ1997 规范的计算公式

日本 AIJ1997 规范[57]建议公式：

$$N_u = 0.85A_c \cdot F_c + (1 + \eta_b)A_s \cdot f_s \tag{2-24}$$

式中　A_c、A_s——核心混凝土和外钢管的横截面积；

$\quad\quad$ F_c——直径 100 mm，高 200 mm 的混凝土圆柱体抗压强度；

$\quad\quad$ f_s——取钢管屈服强度和 0.7 倍抗拉强度中的较小值；

$\quad\quad$ η_b——应力上升系数，可取 0.27。

当式（2-1）中 $\theta \leqslant 1.235$ 时，将 θ 代入公式中，则蔡绍怀计算公式（2-1）即变形为：

$$N_0 = A_c \cdot f_c + 2A_s \cdot f_s \tag{2-25}$$

对于规范 JCJ 01—89 的计算式（2-15）来说，对于轴心受压短柱，可以忽略其"压曲效应"，即公式中 $\varphi = 1$，那么式（2-15）即简化为如下极限承载力公式：

$$N = A_s f_s + K_1 A_c f_c \tag{2-26}$$

根据上述国内外的 7 种计算公式可以看出，蔡绍怀公式（2-25）、规程 JCJ 公式（2-26）、美国公式（2-16）、欧洲公式（2-23）以及日本公式（2-24）从形式上看其本质都可看作是钢管和混凝土强度的一个叠加，并且这些公式都考虑了钢管和混凝土的一个相互作用，区别在于怎么体现出这种相互作用，表现在公式上就是系数的取值方法和取值不同；蔡绍怀公式（2-25），规程 JCJ 公式（2-26）以及美国公式（2-16）都体现在对核心混凝土强度的提高上，而日本公式（2-24）则是体现在钢管和核心混凝土两者的强度都有变化；欧洲公式（2-23）在公式中表现出了钢管与混凝土的"强度比"以及"厚径比"的影响；韩林海和钟善桐的公式则是从"统一理论"出发将钢管和核心混凝土作为一个整体进行研究。这 7 种公式无对错优劣之分，都为钢管混凝土的研究和发展做出了重要贡献，而本章要做的就是要寻找一种契合本书研究结构的承载力计算公式。

2.3.2　各公式计算结果比较分析

（1）自密实混凝土与再生大骨料混合强度的计算公式

为了验证 2.3.1 中提出的公式是否适合应用于本书再生大骨料和自密实混凝土混合后的情况，现将 2.2.4 节表 2-4 中的五组立方体试块按照公式（1-1）计算，并将计算结果记录在表 2-5 中，将五组试块的抗压强度计算值与表 2-4 中抗压强度实测值进行比较，比较结果绘在图 2-15 中，发现计算值与实测值相差很小，抗压强度最大差值在 3.6% 以内，证明可以采用公式（1-1）对再生大骨料和自密实混凝土组合后的混合混凝土抗压强度进行计算。

表 2-5　采用公式（1-1）计算立方体试块强度

强度组合	Cube1	Cube2	Cube3	Cube4	Cube5
RBA 混入量/%	20.64	20.55	20.67	20.34	20.58
RBA 强度/MPa	47.1	47.1	47.1	30.4	53.1
SCC 强度/MPa	51.1	55.5	60.3	60.3	60.3
公式（1-1）计算值/MPa	50.3	53.8	57.6	54.2	58.8

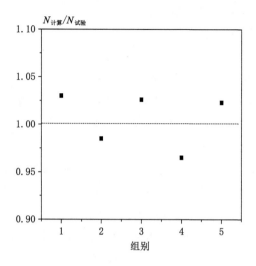

图 2-15　立方体试块公式计算值与实测值之比

（2）国内外钢管混凝土轴压承载力计算公式适用性的比较

本书所用国内四种钢管混凝土的承载力计算公式中均采用轴心抗压强度 f_c，通过公式（2-27）换算为混凝土轴心抗压强度，两种圆柱体抗压强度 f'_c、F_c 分别按公式（2-28）和公式（2-29）计算：

$$f_c = 0.76 \cdot f_{cu,com} \tag{2-27}$$

$$f'_c = 0.8 \cdot f_{cu,com} \tag{2-28}$$

$$F_c = 0.83 \cdot f_{cu,com} \tag{2-29}$$

式中　f_c——混凝土轴心抗压强度；

　　　f'_c——直径 152.4 mm、高 304.8 mm 的混凝土圆柱体抗压强度；

　　　F_c——直径 100 mm、高 200 mm 的混凝土圆柱体抗压强度；

　　　$f_{cu,com}$——核心混合混凝土的立方体抗压强度。

本书将公式（1-1）计算出的混凝土组合抗压强度作为钢管再生大骨料自密实混凝土结构中的核心混合混凝土的抗压强度，利用 2.3.1 小节中列举的国内外 7 种公式分别进行计算，公式中的混凝土强度均按公式（2-27）～（2-29）计算，SCC 与 RBA 的强度值取 2.2 节中的实测值，钢材屈服强度按 2.2 节中拉拔试件的屈服强度实测值取用，7 种公式的计算值与试验值的比较结果列于表 2-6 和表 2-7 中，将表 2-7 中的结果绘制于图 2-16 中，便于更直观地观察。

表 2-6　承载力试验值及各公式计算值

试件编号	N_{exp}/kN	N_{Cai}/kN	N_{Zhong}/kN	N_{Han}/kN	N_{JCJ}/kN	N_{ACI}/kN	N_{EC4}/kN
1/Z5-4-2-4	2 850	2 883	2 609	2 431	2 705	1 930	2 871
2/Z5-4-2-5	2 893	2 938	2 634	2 481	2 791	1 952	2 913
3/Z5-4-2-6	2 963	3 262	2 823	2 715	2 962	2 100	3 190

表 2-6（续）

试件编号	N_{exp}/kN	N_{Cai}/kN	N_{Zhong}/kN	N_{Han}/kN	N_{JCJ}/kN	N_{ACI}/kN	N_{EC4}/kN
4/Z5-4-1-4	2 812	2 924	2 616	2 464	2 769	1 940	2 898
5/Z5-4-3-4	2 925	2 945	2 643	2 490	2 802	1 958	2 920
6/Z5-3-2-4	2 736	2 820	2 480	2 334	2 726	1 847	2 789
7/Z5-5-2-4	3 090	2 980	2 689	2 534	2 858	1 990	2 957
8/Z3-4-2-4	2 682	2 802	2 456	2 311	2 576	1 830	2 769
9/Z4-4-2-4	2 793	2 867	2 541	2 392	2 679	1 889	2 838

表 2-7　各公式计算值与试验值的比值

试件编号	N_{Cai}/N_{exp}	N_{Zhong}/N_{exp}	N_{Han}/N_{exp}	N_{JCJ}/N_{exp}	N_{ACI}/N_{exp}	N_{EC4}/N_{exp}	N_{AIJ}/N_{exp}
1/Z5-4-2-4	1.012	0.915	0.853	0.949	0.677	1.007	0.770
2/Z5-4-2-5	1.016	0.910	0.858	0.965	0.675	1.007	0.769
3/Z5-4-2-6	1.101	0.953	0.916	1.000	0.709	1.077	0.817
4/Z5-4-1-4	1.040	0.930	0.876	0.985	0.690	1.031	0.787
5/Z5-4-3-4	1.007	0.903	0.851	0.958	0.669	0.998	0.763
6/Z5-3-2-4	1.031	0.906	0.853	0.997	0.675	1.019	0.773
7/Z5-5-2-4	0.964	0.870	0.820	0.925	0.644	0.957	0.733
8/Z3-4-2-4	1.045	0.916	0.862	0.960	0.682	1.033	0.782
9/Z4-4-2-4	1.026	0.910	0.857	0.959	0.676	1.016	0.773
均值	1.027	0.913	0.861	0.966	0.678	1.016	0.774
标准差	0.034	0.021	0.024	0.023	0.016	0.030	0.021

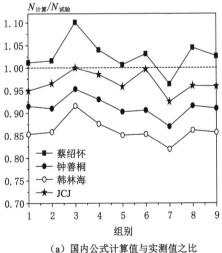

（a）国内公式计算值与实测值之比

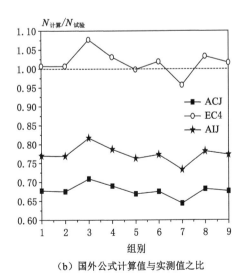

（b）国外公式计算值与实测值之比

图 2-16　各承载力公式计算值比较

由图 2-16 可知,根据试验参数的不同,分别比较对照组 Z5-4-2-4、Z5-4-2-5、Z5-4-2-6,对照组 Z5-4-2-5、Z5-4-1-4、Z5-4-3-4,对照组 Z5-4-2-5、Z5-3-2-4、Z5-5-2-4 以及对照组 Z5-4-2-5、Z3-4-2-4、Z4-4-2-4 的极限承载力,发现在四种参数变化下,各公式计算值与试验值变化趋势均相同,即采用这 7 种公式中的任何一种计算其承载力,都可以得出与试验结果一致的结论,说明列出的 7 种公式都可以作为判断钢管再生大骨料自密实混凝土轴压短柱试件的极限承载力随着自密实混凝土强度变化、再生大骨料强度变化、再生大骨料粒径区间变化以及钢管壁厚变化的变化规律的依据;这也可以反映出,利用公式(2-27)进行计算是可行的。

从表 2-7 中可以看出,蔡绍怀的公式(2-25)、钟善桐的公式、规范 JCJ 01—89 的公式(2-26)以及欧洲规范公式(2-23)的计算值与试验值之比的均值分别为 1.027、0.913、0.966、1.016,标准差分别为 0.034、0.021、0.023、0.030,证明这四种公式计算值与试验值吻合良好,钟善桐公式、规范 JCJ 01—89 的公式(2-26)比试验值略保守,蔡绍怀的公式(2-25)和欧洲规范公式(2-23)比试验值略大,其中又以欧洲规范公式(2-23)与试验值最为接近,而其余三种公式:韩林海公式、ACI 及 AIJ 规范公式的计算值与试验值相比都过于保守,建议可以采用蔡绍怀公式、钟善桐公式、规范 JCJ 01—89 和欧洲公式作为计算钢管再生大骨料自密实混凝土短柱的轴压极限承载力的计算公式。

（3）钢管再生大骨料自密实混凝土短柱轴压承载力计算的适用公式

由于目前国内多数学者应用韩林海公式对钢管再生大骨料自密实混凝土短柱的轴压承载力进行计算,从上述计算结果看韩林海简化公式与试验值相比过于保守,现以试验数据为参照,并且考虑到结构的安全储备对公式(2-14)中的系数进行修正如下:

$$f_{\text{scy}} = (1.5 + 1.02\xi)f_{\text{c}} \tag{2-30}$$

式中 ξ——约束效应系数;

f_{scy}——钢管混凝土轴心受压时的强度指标。

将修正后的公式(2-30)代入计算后的韩林海公式,计算值与实测值进行比较,两者之比如图 2-17 所示,与试验值吻合良好,可以作为钢管再生大骨料自密实混凝土短柱的轴心受

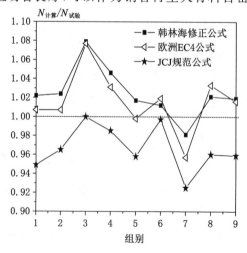

图 2-17　修正后公式计算值与实测值比较

压承载力计算公式。

2.4　钢管再生大骨料自密实混凝土短柱的有限元分析

2.4.1　材料本构模型

2.4.1.1　钢材本构

目前钢材本构模型有很多,主要有以下几种:

（1）五阶段二次塑流模型

目前该模型较多应用于低碳钢,例如 Q235、Q345 等,如图 2-18 所示。该模型将钢材的实际应力-应变曲线进行简化,从图中可以发现,虚线表现的模型关系比较复杂,分为弹性阶段（oa 段)、弹塑性阶段（ab 段)、塑形阶段（bc 段)、强化阶段（cd 段)以及二次塑流阶段（de 段),而简化后的实线模型要更加简洁,在模型中应用较多,其中,f_P、f_y 和 f_u 分别为钢材的比例极限、屈服强度和抗拉强度。

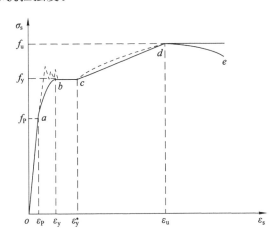

图 2-18　钢材应力-应变关系

$$\sigma_s = \begin{cases} E_s\varepsilon_s & \varepsilon_s \leqslant \varepsilon_P \\ -A\varepsilon_s^2 + B\varepsilon_s + C & \varepsilon_P < \varepsilon_s \leqslant \varepsilon_y \\ f_y & \varepsilon_y < \varepsilon_s \leqslant \varepsilon_y^* \\ f_y[1+0.6(\varepsilon_s-\varepsilon_y^*)/(\varepsilon_u-\varepsilon_y^*)] & \varepsilon_y^* < \varepsilon_s \leqslant \varepsilon_u \\ 1.6f_y & \varepsilon_s > \varepsilon_u \end{cases} \quad (2\text{-}31)$$

$$A = 0.2f_y/(\varepsilon_y - \varepsilon_P)^2, B = 2A\varepsilon_y, C = 0.8f_y + A\varepsilon_P^2 - B\varepsilon_P \quad (2\text{-}32)$$

$$\varepsilon_P = 0.8f_y/E_s, \varepsilon_y = 1.5\varepsilon_P, \varepsilon_y^* = 10\varepsilon_y, \varepsilon_u = 100\varepsilon_y \quad (2\text{-}33)$$

式中　E_s——钢材的弹性模量;

$\quad\quad\varepsilon_P$——钢材的比例极限对应的应变;

$\quad\quad\varepsilon_y$、ε_y^*——分别为屈服平台上前后应力所对应的应变;

ε_u——钢材的抗拉强度所对应的应变；

A、B、C——参数。

（2）双折线模型

如图 2-19 所示，该模型适合应用于高强钢材，将钢材应力-应变曲线简化为理想的两阶段线性关系，oa 段弹性模量为 E_s，ab 段弹性模量 $E_s^* = 0.01E_s$，其应力-应变关系如下：

$$\sigma_s = \begin{cases} E_s\varepsilon_s & \varepsilon_s \leqslant \varepsilon_y \\ E_s^*\varepsilon_s & \varepsilon_s > \varepsilon_y \end{cases} \tag{2-34}$$

式中　f_y——钢材的屈服强度；

ε_y——钢材屈服强度所对应的应变。

（3）两直线模型

如图 2-20 所示，该模型适用于流幅较长的低强度钢材。两直线模型即上述双折线模型的 ab 段变为完全塑形段，也不计屈服强度的上限值。

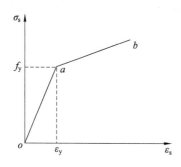

图 2-19　双折线钢材本构模型

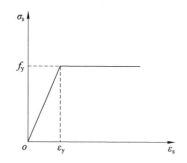

图 2-20　两直线钢材本构模型

$$\sigma_s = \begin{cases} E_s\varepsilon_s, E_s = \dfrac{f_y}{\varepsilon_y} & (\varepsilon_s \leqslant \varepsilon_y) \\ f_y & (\varepsilon_s > \varepsilon_y) \end{cases} \tag{2-35}$$

式中　f_y——钢材的屈服强度；

ε_y——钢材屈服强度所对应的应变；

E_s——钢材的弹性模量。

（4）三折线模型

该模型适用于流幅较短的软钢，如图 2-21 所示，oa 段为线弹性阶段，ab 为塑形阶段，bc 为强化阶段。

由于本章中试验材料钢管皆用 Q235 钢材，且二次塑流模型被大多数学者使用，因而本章节也采用二次塑流模型作为钢材本构模型，并根据钢材拉拔试验实测数据对公式（2-31）做出如下修改：

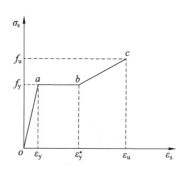

图 2-21　三折线钢材本构模型

$$\sigma_s = \begin{cases} E_s \varepsilon_s & \varepsilon_s \leqslant \varepsilon_P \\ -A\varepsilon_s^2 + B\varepsilon_s + C & \varepsilon_P < \varepsilon_s \leqslant \varepsilon_y \\ f_y & \varepsilon_y < \varepsilon_s \leqslant \varepsilon_y^* \\ \dfrac{f_u(\varepsilon_s - \varepsilon_y^*) + f_y(\varepsilon_u - \varepsilon_s)}{\varepsilon_u - \varepsilon_y^*} & \varepsilon_y^* < \varepsilon_s \leqslant \varepsilon_u \\ f_u & \varepsilon_s > \varepsilon_u \end{cases} \tag{2-36}$$

在选用完合适的钢材本构模型后,根据选用模型计算得到的应力-应变关系数据还不能直接输入 ABAQUS 中,在 ABAQUS 中对材料的属性定义时,有一套软件默认的塑性材料特性,也就是金属材料的经典弹塑形理论,这套理论采用 Mises 屈服面来定义各向同性屈服,通过单向拉伸试验所得到的数据,或者利用上式计算得到的应力、应变数据是以名义应力和名义应变表示的。而 ABAQUS 中定义塑性材料参数时需要使用真实应力和塑性应变,它们与名义应力和名义应变的转换关系如下[58]:

$$\varepsilon_{true} = LN(1 + \varepsilon_{nom}) \tag{2-37}$$

$$\sigma_{true} = \sigma_{nom}(1 + \varepsilon_{nom}) \tag{2-38}$$

$$\varepsilon_{pl} = |\varepsilon_{true}| - \frac{|\sigma_{true}|}{E} \tag{2-39}$$

式中　σ_{nom}、ε_{nom}——分别为名义应力和名义应变;

　　　σ_{true}、ε_{true}——分别为真实应力和真实应变;

　　　ε_{pl}——塑形应变;

　　　E——材料的弹性模量。

2.4.1.2　核心混合混凝土本构

由于混凝土本身是一种多相复合材料,在力的作用下混凝土内部会出现强化阶段、软化阶段,还会存在着开裂及损伤等受力行为;由于钢管的约束作用,钢管混凝土中的核心混凝土处于三向受力状态,再加上再生混凝土本身存在的裂缝等原因导致要想确定本结构形式的核心混合混凝土的应力-应变关系是一件非常复杂的事情。

本书核心混合混凝土的受压本构模型采用韩林海团队[27]提出的应力-应变关系:

$$y = \begin{cases} 2x - x^2 & (x \leqslant 1) \\ \dfrac{x}{\beta_0(x-1)^2 + x} & (x > 1) \end{cases} \tag{2-40}$$

$$x = \varepsilon/\varepsilon_0, y = \sigma/\sigma_0 \tag{2-41}$$

$$\sigma_0 = f_c' \tag{2-42}$$

$$\varepsilon_0 = \varepsilon_c + 800 \cdot \xi^{0.2} \cdot 10^{-6} \tag{2-43}$$

$$\varepsilon_c = (1\,300 + 12.5 \cdot f_c') \cdot 10^{-6} \tag{2-44}$$

$$\beta_0 = (2.36 \times 10^{-5})^{0.25 + (\xi - 0.5)^7} \cdot f_c'^{0.5} \cdot 0.5 \geqslant 0.12 \tag{2-45}$$

$$\xi = A_s f_y / A_c f_{ck} \tag{2-46}$$

式中　σ_0、ε_0——分别为混凝土峰值应力和峰值应力所对应的应变;

　　　f_c'——混凝土圆柱体抗压强度;

ξ——约束效应系数；

β_0、ε_c——系数。

考虑到本试验中混凝土的受力以压力为主，拉力对其影响很小，故受拉本构模型采用混凝土单轴抗拉应力-应变曲线[59]简单代替：

$$\sigma = (1 - d_t)E_c\varepsilon \tag{2-47}$$

$$d_t = \begin{cases} 1 - \rho_t[1.2 - 0.2x^5] & (x \leqslant 1) \\ 1 - \dfrac{\rho_t}{\alpha_t(x-1)^{1.7} + x} & (x > 1) \end{cases} \tag{2-48}$$

$$x = \frac{\varepsilon}{\varepsilon_{t,r}} \tag{2-49}$$

$$\rho_t = \frac{f_{t,r}}{E_c\varepsilon_{t,r}} \tag{2-50}$$

式中　d_t——混凝土单轴受拉损伤演化参数；

　　　E_c——混凝土弹性模量；

　　　$f_{t,r}$——混凝土单轴受拉强度代表值；

　　　$\varepsilon_{t,r}$——与混凝土单轴受拉强度代表值相应的峰值拉应变；

　　　α_t——混凝土单轴受拉应力-应变曲线下降段的参数值；

　　　ρ_t——参数。

采用 ABAQUS 中的混凝土塑形损伤模型需要将计算得到的混凝土受拉、受压应变分别转化为开裂应变和非弹性应变进行输入[60]，为了使模型更好地应用于结构模拟，还需要对塑形损伤模型中的五个重要参数进行合理取值：

① 膨胀角。关于膨胀角的取值一般认为膨胀角的取值范围为 $37°\sim42°$，本书通过模拟发现膨胀角的取值不同会对试件的承载力产生影响，但是对曲线没有明显影响，且膨胀角越大，试件承载力会随之增大。建议取值为 $30°\sim55°$。

② 流动势偏心率。流动势偏心率是塑形势能函数的一个参数，定义了流动势曲线靠近其渐近线时的速率，可以直接采用 ABAQUS 的建议值 0.1。

③ 等双轴抗压屈服应力与单轴抗压屈服应力的比值 f_{b0}/f_{c0}。混凝土材料的 f_{b0}/f_{c0} 值一般在 $1.10\sim1.16$ 之间，本书采用 ABAQUS 建议值 1.16。

④ 拉、压子午线上应力偏量第二应力不变量的比值 K。K 的取值不同会对模拟结果有影响，有研究[61]发现其对钢管混凝土荷载-变形曲线的上升段影响很小，下降段影响较大，而且 K 的增大会使钢管混凝土的承载力随之减小。根据模拟计算与本书试验结果的比较分析得出，本结构的黏性系数可以在 $0.7\sim0.9$ 之间进行选取。

⑤ 黏性系数。黏性系数表征黏塑性系统随时间的松弛，根据采用时间增量的不同，黏性系数的取值要比时间增量小，这样能够使模型更加易于收敛而不会对结果造成显著影响[52]。本书通过大量模拟比对，黏性系数取值为 0.000 5。

2.4.2　建立有限元模型

2.4.2.1　单元类型

ABAQUS 建模空间分为三维、二维和轴对称三种,同时具备十分丰富的单元库,可以模拟任何几何形状,而且根据实际应用可以对模型类型采取不同定义。模型定义主要分为可变形、离散刚性、解析刚性以及欧拉四种类型,通过定义实体、壳、线、点等形状特征再确定模型,每种空间对模型类型和特征上的定义又有所区别和限制。本书对钢管、核心混凝土以及上下盖板的模型建立均采用 C3D8R 三维实体单元,即八结点线性六面体减缩积分单元,其中的字母分别代表单元的单元族、自由度、节点数、单元列式和积分五种单元特性。具体单元形状尺寸均与本章的试验试件相同,如图 2-22 所示。

|（a）盖板|（b）钢管|（c）混凝土|

图 2-22　三维实体部件图

在 ABAQUS 中不能对部件的材料属性直接定义,而是通过在软件模块中创建截面属性,对截面属性进行定义后再把这种截面属性赋予相应的部件。本书将盖板截面属性定义为弹性模量很大而泊松比很小的刚体,来近似模拟盖板在受力过程中仅起到传递荷载的作用而不会对试件整体受力性能产生影响。

2.4.2.2　网格划分

网格划分就是为了将建立的连续模型简化成为离散模型来进行分析,利用 ABAQUS 提供的操作环境可以很方便地通过设置网格的密度、形状、大小等将模型进行离散化。

ABAQUS 提供三种网格划分技术,分别是结构化网格(structured)、扫掠网格(sweep)和自由网格(free),本书采用结构化网格划分,以六面体单元为主进行划分。对于网格的种子数目采用尺寸控制,网格划分注意不能过分求细,虽然划分越细致的网格理论上计算更加精确,但是容易导致不收敛,而且精确度要求不高的情况下容易浪费计算机资源,但是更不可过大,过大虽计算很快,但划分过大容易计算不精确,综合考虑精度以及计算效率确定混凝土与钢管的近似全局尺寸;盖板受力情况不是本书主要研究目的,所以在盖板的尺寸控制上适当放宽。具体网格划分情况见图 2-23。

2.4.2.3　界面接触及边界条件

对于钢管混凝土模型的接触定义有以下三处,分别是钢管与上下盖板的接触,钢管与

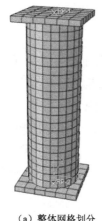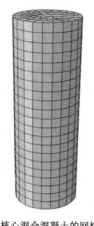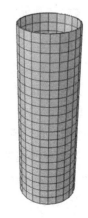

（a）整体网格划分　　　　　　（b）核心混合混凝土的网格划分　　　　　（c）钢管的网格划分

图 2-23　网格划分图

混凝土的接触以及混凝土与上下盖板的接触。

　　本书中钢管与上下盖板的面-面接触选择相互作用中的"绑定"，以刚度较大的上下盖板为主表面，钢管顶部与底部为从属面。

　　混凝土与上下盖板的面-面接触常选择两种方式，一种是"绑定"约束，另一种是定义相互作用属性。相互作用属性定义为切向行为和法向行为，切向行为主要是摩擦公式的选择，本书摩擦公式选择"罚"函数，摩擦系数取 0.3，法向行为选择"硬"接触；其中在摩擦函数的选取上，三位学者 Hu、Dai、韩林海分别选择 0.25、0.3、0.6，本书将这三种系数均进行尝试，发现对模拟结果没有明显影响。经过多次模拟比对后，发现混凝土与上下盖板的面-面接触选择"绑定"还是定义相互作用属性对本书结构的模拟结果并没有明显影响，最终选择更为简便的"绑定"约束。

　　混凝土与钢管的面-面接触选择定义相互作用，切向行为选择"罚"，摩擦系数选择 0.3，法向行为选择硬接触。

　　边界条件的设定采用定义参考点的方式，建立上下两个参考点，分别与上下盖板进行耦合，下部三个方向的位移和转角全部限制，即采用全约束；上部将 U_1、U_2、UR_3 进行约束，并设置位移荷载。

　　钢管的相互作用及边界条件设置示意图见图 2-24。

2.4.3　模拟结果与试验结果比较

　　在上述完成之后就可以对模型进行计算了，通过 ABAQUS 后处理应力云图可以很方便地查看模型的受力和变形状态，图 2-25 列出了模拟计算的变形示意图（扫描右侧二维码，可得相应彩图，下文同）。

　　将模拟数据提取后绘制成荷载-应变曲线，将模拟曲线与试验数据曲线进行比较，如图 2-26 所示。从图 2-26 可见两种曲线吻合良好，特别是在极限承载力之前，两条曲线基本

（a）相互作用示意图　　　　　　（b）边界条件及加载示意图

图 2-24　模型界面相互作用及边界条件

 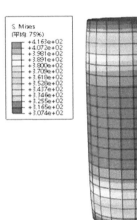 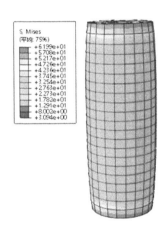

（a）试件应力云图　　　　　　（b）钢管应力云图　　　　　　（c）核心混凝土应力云图

图 2-25　应力云图

吻合,模拟与试验测得的试件的极限承载力最大误差在 3% 以内,模拟曲线与试验曲线整体上吻合较好,说明本章节的有限元模型建模方式、参数设置以及钢材和混凝土的本构模型的选取是正确的,可以用来模拟钢管再生大骨料自密实混凝土短柱的轴心受压性能研究。由图 2-26 可知,几个试验组的模拟曲线的下降段与试验曲线的下降段出现了不吻合情况,这是由于试验过程中钢管局部屈曲或者其他缺陷造成的,这也说明模拟结果在极限承载力之后不一定会与试验完全吻合,因为模拟值缺少了试验误差的影响,从总体来看本书的模拟结果还是可以用来预测钢管再生大骨料自密实混凝土短柱的轴心受压行为的。

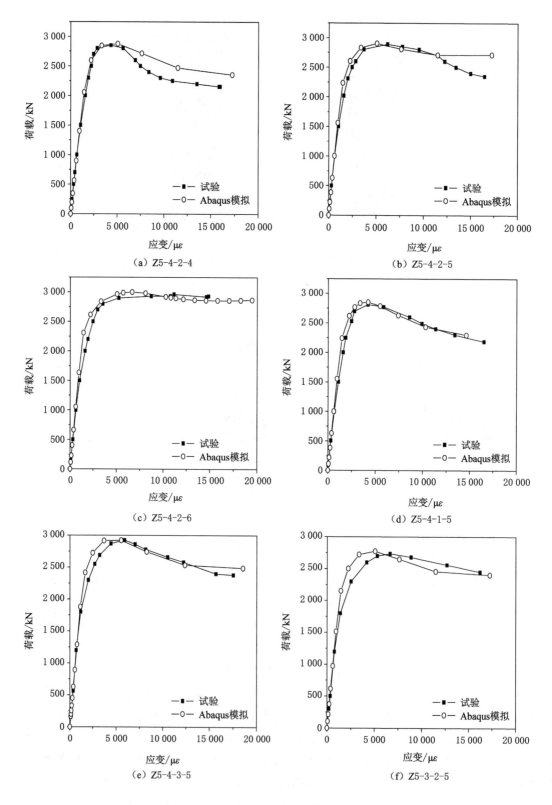

（a）Z5-4-2-4   （b）Z5-4-2-5

（c）Z5-4-2-6   （d）Z5-4-1-5

（e）Z5-4-3-5   （f）Z5-3-2-5

图 2-26　模拟与试验荷载-应变曲线比较

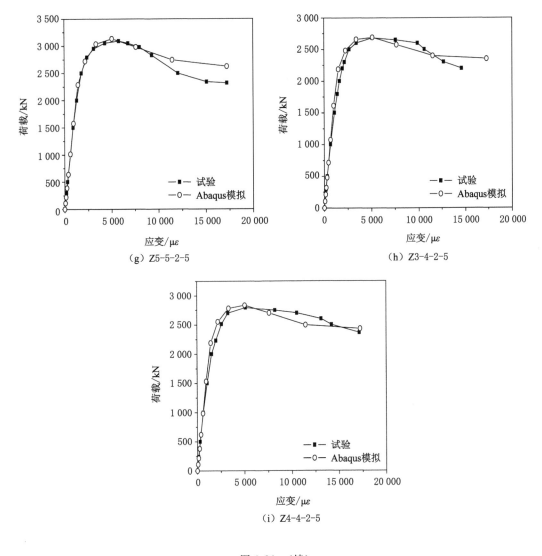

（g）Z5-5-2-5

（h）Z3-4-2-5

（i）Z4-4-2-5

图 2-26 （续）

2.4.4 模拟结果的参数分析

将模拟结果按四种试验参数分别进行比较,见图 2-27,并与前文中的荷载-竖向应变曲线进行比较观察,模拟曲线中四种参数的变化对试件荷载-竖向应变曲线的影响与试验值曲线很相似,通过模拟曲线完全可以得到与试验一致的结论。

如图 2-27(a)所示,与其余三种参数变化下的曲线相比较,钢管壁厚的变化对试件荷载-竖向应变曲线前期影响不一致,其余三种参数变化下,曲线的前期非常一致,几乎看不出差距,证明其余三种参数变化下试件的刚度、弹性模量几乎一致;但钢管壁厚变化下,尽管差距比较小,也仍可看出曲线前期随着钢管壁厚的增大而斜率增大,即试件弹性模量增大。

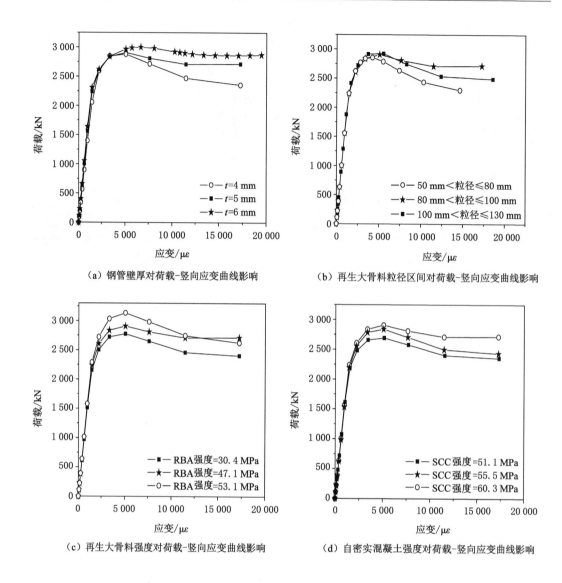

（a）钢管壁厚对荷载-竖向应变曲线影响　　　　（b）再生大骨料粒径区间对荷载-竖向应变曲线影响

（c）再生大骨料强度对荷载-竖向应变曲线影响　　　（d）自密实混凝土强度对荷载-竖向应变曲线影响

图 2-27　四种参数变化对荷载-竖向应变模拟曲线的影响

2.4.5　约束效应系数的影响

由前面的研究可知，采用 ABAQUS 有限元模拟钢管再生大骨料自密实混凝土有着非常高的契合度和准确性，考虑到本书试验研究参数范围较小，并且由于参数的限制使得钢管壁厚的变化对试件荷载-竖向应变曲线前期的影响不明显，为了更好地对试件受力过程进行研究，现将钢管壁厚范围增大到 1.6～9 mm，并采用文献[27]中提出的"约束效应系数 ξ"的概念，这里 $0.2 \leqslant \xi \leqslant 1.3$。约束效应系数综合考虑了钢管强度和截面积以及核心混凝土强度和截面积的变化，ξ 值的大小与钢材在整个试件受力过程中发挥的作用密切相关，利用约束效应系数可以反映出钢管和核心混凝土之间相互作用的变化，其是研究两者相互作用的有效指标。

（1）模拟试件分组

按照文献[27]对约束效应系数的研究，根据该文献对约束效应系数的取值范围将有限元模拟试件按照钢管壁厚变化分为 5 组。在对每组试件进行模型建立时，取钢材 $f_y = 235$ MPa，弹性模量为 $2.06×10^5$ N/mm²，泊松比为 0.3；核心混合混凝土强度取自密实混凝土和再生大骨料强度的组合，本构模型及相关参数选取均与前文一致，其中钢材本构模型按照公式（2.32）～（2.34）取用。具体参数见表 2-8。

表 2-8　模拟试件参数

编号	直径/mm	高度/mm	壁厚/mm	ξ	SCC 强度/MPa	RBA 强度/MPa	RBA 粒径/mm	混入量/%	承载力/kN
FEM1.6			1.6	0.2					1 552
FEM3			3	0.39					1 763
FEM5	200	600	5	0.67	51.1	47.1	80～100	32.27	2 058
FEM7			7	0.97					2 342
FEM9			9	1.29					2 636

（2）约束效应系数对荷载-竖向应变曲线的影响

将模拟结果按照约束效应系数不同绘制于图 2-28 中。如图 2-28 所示，随着约束效应系数的增大，试件极限承载力逐渐增大。在本书参数范围内，随着约束效应系数的增大，对应的试件极限承载力分别上升 13.5%、16.73%、13.8% 和 12.55%，与极限承载力对应的应变也逐渐增大，分别为 3 450 微应变、3 690 微应变、4 080 微应变、5 281 微应变及 5 452 微应变，证明试件的延性在逐渐增强。根据模拟结果来看，钢管壁厚差别为 2 mm 的两个试件的荷载-竖向应变曲线在其承载力达到极限承载力的 60%～70% 之前差别不大，之后曲线

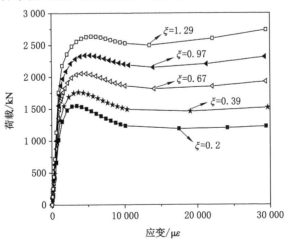

图 2-28　约束效应系数对荷载-竖向应变曲线的影响

开始逐渐有明显的斜率上的变化。而且从图 2-28 中可以看出,随着约束效应系数的增大,试件荷载-竖向应变曲线的后期也会逐渐明显上升,说明约束效应系数的增大对试件后期的延性和强度的提高也有一定的促进作用。

2.5 本章小结

本章主要介绍了钢管再生大骨料自密实混凝土短柱轴心受压的试验研究、承载力计算研究及有限元模拟研究。通过计算对比分析得到的结论统计如下:

(1)钢管再生大骨料自密实混凝土短柱在轴心受压下的最终破坏形态为剪切型破坏,与普通钢管混凝土轴压短柱的破坏状态一致。在本试验参数范围内,钢管壁厚越大对试件内部核心混合混凝土的约束能力越好,试件极限承载力越大,延性越好;有了更高强度的自密实混凝土的作用,再生大骨料的强度变化对试件极限承载力影响不大,且混合的再生大骨料强度越低,钢管的约束作用越明显,荷载-竖向应变曲线的下降段较为平缓。钢管再生大骨料自密实混凝土短柱的极限承载力受到 SCC 强度影响明显,试件承载力随着自密实混凝土强度的增大而增大,且试件的极限承载力对自密实混凝土强度的变化比较敏感。

(2)采用 7 种现有公式中的任何一种都可将对照组 Z5-4-2-4、Z5-4-2-5、Z5-4-2-6,对照组 Z5-4-2-5、Z5-4-1-4、Z5-4-3-4,对照组 Z5-4-2-5、Z5-3-2-4、Z5-5-2-4 以及对照组 Z5-4-2-5、Z3-4-2-4、Z4-4-2-4 的极限承载力在相应的参数变化下的影响规律表现出来,可以根据第 2 章列出的公式大致判断钢管再生大骨料自密实混凝土轴压短柱试件在自密实混凝土强度变化、再生大骨料强度变化、再生大骨料粒径区间变化以及钢管壁厚变化下的试件承载力变化规律;由于韩林海简化公式与试验值相比过于保守,以试验数据为参照,并且考虑到结构的安全贮备对公式中的系数进行修正,修正后的公式计算值与试验值吻合良好,可以作为钢管再生大骨料自密实混凝土的轴心受压承载力计算公式。

(3)钢管再生大骨料自密实混凝土短柱的轴心受压模拟可以采用韩林海提出的混凝土受压本构,受拉本构可以采用规范给出的受拉本构;给出了适用于本结构形式的混凝土塑形损伤模型中的参数设置;模拟结果与试验结果吻合良好,建议可以采用本章的有限元模型进行相关结构形式的研究或者作为参考研究。

第 3 章　钢管再生大骨料自密实混凝土短柱偏压性能研究

3.1　概述

在实际应用过程中,构件轴心受压是最理想的状态,但是由于荷载作用位置的不确定性将会导致构件处于偏心受压状态。因此,有必要对钢管再生大骨料自密实混凝土结构在偏心受压状态下进行力学性能探究。本章制作了 11 根钢管再生大骨料自密实混凝土短柱并进行偏心受压试验,探究试件的工作机理、破坏模式,分析试件在偏心距、自密实混凝土强度、再生大骨料强度、再生大骨料粒径、钢管壁厚五种参数不同情况下的试件力学性能变化。通过国内外规范与相关学者提出的普通钢管混凝土公式对本章试件进行计算,探究这些公式对钢管再生大骨料自密实混凝土偏心受压构件的适用性和计算精度,为以后的研究和应用提供参考。通过 ABAQUS 有限元软件建立钢管再生大骨料自密实混凝土短柱数值模型,进行偏心受压荷载模拟,分析各参数对其力学性能的影响。

3.2　钢管再生大骨料自密实混凝土偏心受压试验概况

3.2.1　材料性能试验

（1）钢材的力学性能

钢管由 Q235 号钢材制作而成。具体尺寸如图 3-1 所示,分别从不同厚度分组所用的

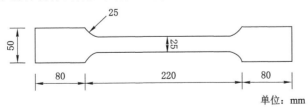

图 3-1　钢材拉伸试件尺寸图

钢材取样制作 3 组标准拉伸试件,将试件按照规范进行拉伸试验,每组试件制作 3 个以减少测量上的误差。拉伸试件各个力学性能指标进行取平均值处理后的数据见表 3-1。

表 3-1　钢材参数

$t_{实}$/mm	f_y/MPa	f_u/MPa	E/MPa	μ
3.78	353	525	193 635	0.267
4.36	320	444	219 180	0.285
5.74	296	438	211 827	0.252

注释:$t_{实}$ 为拉伸试件厚度,f_y 为屈服强度,f_u 为抗拉强度,E 为弹性模量,μ 为泊松比。

（2）再生大骨料

再生大骨料来源于沈阳建筑大学结构实验室废弃试件,龄期在半年到一年之间,用回弹法检测的废弃混凝土试件的强度见表 3-2。通过机器和人工将其破碎成大粒径的骨料,用自制 50 mm、70 mm、85 mm、100 mm 方孔筛筛分成 50～70 mm、70～85 mm、85～100 mm 三个粒径范围区,并将各方向粒径有明显差别的骨料排除。三种粒径区间的再生大骨料分别如图 3-2(a)、(b)、(c)所示。

表 3-2　再生大骨料实测强度

组别	原设计等级	强度实测值/MPa
1	C30	30.4
2	C40	47.1
3	C50	53.1

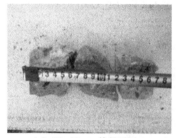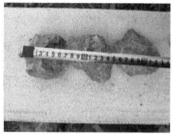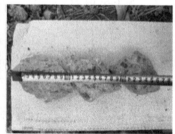

（a）50～70 mm粒径区间　　　（b）70～85 mm粒径区间　　　（c）85～100 mm粒径区间

图 3-2　三种粒径区间的再生大骨料

（3）水泥

试验采用的水泥型号为 P.O42.5,具体成分与性能见表 3-3、表 3-4。

表 3-3 水泥化学组成成分

水泥的化学组成成分比例/%					
SiO$_2$	Al$_2$O$_3$	Fe$_2$O$_3$	CaO	MgO	SO$_3$
20.66	6.25	2.83	66.70	1.19	2.38

表 3-4 水泥的物理性能

标准稠度用水量 /%	初凝时间 /min	终凝时间 /min	抗压强度/MPa		抗压强度/MPa	
			3 d	28 d	3 d	28 d
32	176	317	4.96	8.87	27.15	49.23

（4）粉煤灰

由于自密实混凝土的特殊性,仅仅采用水泥胶凝材料并不能满足需求。采用矿物掺合料有以下诸多优点:① 减少水泥用量、降低水化热。② 提升拌和物的流动性和黏聚性。③ 改善内部结构,提高耐久性。

在工程中常用的矿物掺合料有硅灰、矿渣粉和粉煤灰。本章试验采用一级粉煤灰,其主要成分见表 3-5。

表 3-5 粉煤灰化学组成成分

SiO$_2$	Al$_2$O$_3$	Fe$_2$O$_3$	CaO	MgO	SO$_3$
57.61	19.65	7.92	8.02	3.64	3.16

（5）砂

砂率对自密实混凝土的配置过程影响较大,本次试验采用二区砂,物理性能见表 3-6。为了保证试验用砂的质量符合配置要求,进行了砂的筛分试验。砂的累计筛余百分比见表 3-7,级配曲线见图 3-3。

表 3-6 砂的物理性能

颗粒级配	细度模数	表观密度/(g/cm^3)	含泥量/%	吸水率/%
Ⅱ区中砂	2.78	2.58	0.8	6.21

表 3-7 砂的累计筛余百分比

筛孔尺寸 /mm	累计筛余百分率/%					
	4.75	2.36	1.18	0.6	0.3	0.15
第一次	2.1	20.1	27.6	52.8	87.9	96.5
第二次	2.0	20.9	27.1	53.4	88.4	96.1
平均值	2.05	20.5	27.35	53.1	88.15	96.3

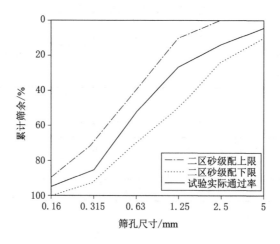

图 3-3　砂的级配曲线

（6）减水剂

自密实混凝土的主要特点是高流动性，这使得所需的拌和水量比较大。为了保证强度需降低水灰比，减水剂的掺入可以有效地解决这个问题。减水剂具有保水、增黏和减少泌水离析等特点，本研究采用 Q8081 型高效减水剂，其性能参数如表 3-8 所示。

表 3-8　减水剂基本性能参数

密度/(g/mL)	减水率/%	含固量/%	pH 值	氯离子含量/%	碱含量/%
1.12	46	17	7.5	≤0.02	≤0.2

（7）配合比

自密实混凝土的配合比由本课题组经过试配后确定，如表 3-9 所示。

表 3-9　自密实混凝土配合比

水泥/(kg/m³)	粉煤灰/(kg/m³)	水/(kg/m³)	石子/(kg/m³)	砂/(kg/m³)	立方体抗压强度/MPa
355	133	217	880	751	51.1
378	112	217	880	787	55.5
403	98	207	880	787	60.3

3.2.2　试件分组

本试验共设计制作了 11 个圆钢管再生大骨料自密实混凝土短柱试件，试件结构示意图如图 3-4 所示。本章研究的是短柱的受力性能，即不考虑长细比不同对试件的影响。根据相关规范规定，圆钢管的外径 $D \geqslant 168$ mm，壁厚 $t \leqslant 3$ mm。本章试件直径均设定为 200 mm，高度取 600 mm，长径比 $L/D = 3$，既不会因为过长而出现整体稳定问题，也不会因为过短而使端部效应影响过大。焊缝采用直缝焊接,上下焊接两块尺寸为 240 mm×240 mm×20 mm 的同材料盖板。

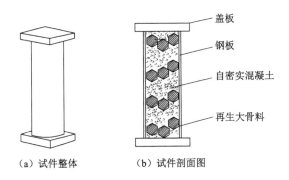

（a）试件整体　　　（b）试件剖面图

图 3-4　试件结构示意图

在试验过程中主要考虑偏心距、RBA 强度、SCC 强度、RBA 粒径区间、钢管壁厚五种参数。根据规范有关规定,混凝土的粗骨料粒径与结构截面的关系为 $d_{粗} \leqslant 0.25D$。国内学者吴波已有先例,通过对吴波试验成果的研究,本章设计的再生大骨料粒径较为合理,与规范所限制的粒径大小并无冲突。试件具体实际参数如表 3-10 所示。

表 3-10　偏压试件参数

编号	L /mm	D /mm	SCC 立方体抗压强度实测值/MPa	RBA 立方体抗压强度实测值/MPa	RBA 粒径区间/mm	钢管壁厚实测值/mm	含钢率 α /%	偏心距/mm
1/P5-4-2-5-20			60.3	47.1	70～85	4.36	10.8	20
2/P5-4-2-5-40			60.3	47.1	70～85	4.36	10.8	40
3/P5-4-2-5-60			60.3	47.1	70～85	4.36	10.8	60
4/P5-4-2-4-40			60.3	47.1	70～85	3.78	8.5	40
5/P5-4-2-6-40			60.3	47.1	70～85	5.74	13.2	40
6/P5-4-1-5-40	600	200	60.3	47.1	50～70	4.36	10.8	40
7/P5-4-3-5-40			60.3	47.1	85～100	4.36	10.8	40
8/P5-3-2-5-40			60.3	30.4	70～85	4.36	10.8	40
9/P5-5-2-5-40			60.3	53.1	70～85	4.36	10.8	40
0/P3-4-2-5-40			51.1	47.1	70～85	4.36	10.8	40
1/P4-4-2-5-40			55.5	47.1	70～85	4.36	10.8	40

注:试件命名方法:标号第一个字母 P 代表偏压,后面数字按前后顺序分别表示:自密实混凝土强度设计值缩写(例如 C40 写为 4),再生大骨料强度设计值缩写,再生大骨料粒径分区(按粒径从小到大分为 1、2、3 三个区段,如区段 1 代表粒径 50～70 mm),钢管壁厚代号,偏心率代号,并用"-"隔开。

3.2.3 试件浇筑

在正式制作试件之前进行原材料的准备工作,用方孔筛筛出 6~10 mm 粒径区间的石子,在水中清洗干净,与试验所需的砂同时在实验室外场晒干。由于再生大骨料具有较强的吸水性,所以将试验用的再生大骨料在水中浸泡 30 h,使其达到饱和面干状态。将下盖板焊接到 11 根空钢管上,为了保证粒径区间相同的再生大骨料在钢管中填充的质量相同,在试验前先进行反复装填调整。将装入每根钢管的大骨料确定,放在钢管旁边以备浇筑。同时称量各空钢管与准备放入的再生大骨料的质量。正式浇筑时首先按配合比将原材料放入搅拌机中制成自密实混凝土,按照堆石混凝土施工原理,先将自密实混凝土倒入钢管内约 25 mm,然后放置再生大骨料 1 层。浇筑自密实混凝土,待其充满堆石空隙后,再放置大骨料,反复此流程直到堆满。同时制作 8 组标准立方体试块,每组 3 个以减小误差。浇筑完成后将钢管盖上薄膜放置在试验室内,每日进行两次洒水养护,养护 28 d。养护完成后用角磨机将混凝土突出钢管部分磨平,有缺陷处用速修混凝土填平。将养护处理后试件的质量减去钢管和再生骨料的质量即可得到自密实混凝土的质量,采用再生大骨料与钢管内再生大骨料自密实混凝土的质量比作为取代率。为防止出现端部破坏的现象,在上下盖板处各焊制一块加劲肋板。试件浇筑及养护见图 3-5、图 3-6。

图 3-5　试件浇筑

图 3-6　试件养护

3.2.4 立方体试块抗压强度测试

在浇筑试件的同时浇筑 8 组标准立方体试块,每组 3 个相同的试块。其中 3 组纯自密实混凝土立方体试块用以测量自密实混凝土的强度,5 组再生大骨料自密实混凝土试块用以探究 SCC、RBA 强度与 RBA 取代率对其组合强度的影响关系。再生大骨料取代率有两种测量方法,其一是质量测量,分别对再生大骨料和立方体试块称重,通过计算得出取代率。其二是体积测量,用排水法测量饱和面干状态下混入的再生大骨料体积,通过计算得出取代率。两种测量方法得到的取代率基本一致,本次试验采用质量测量法得到的结果。标准立方体试块与偏心试件同时浇筑,在同一条件下养护相同时间,按照规范在试验室 600 kN 压力机上进行。试验结果见表 3-11 和表 3-12。

表 3-11　自密实混凝土立方体抗压强度

编号	立方体抗压强度/MPa
A1	51.1
A2	55.5
A3	60.3

表 3-12　再生大骨料自密实混凝土立方体抗压强度

编号	自密实混凝土强度/MPa	再生大骨料强度/MPa	再生大骨料取代率/%	组合强度/MPa
B1	51.1	47.1	20.64	48.8
B2	55.5	47.1	20.55	54.6
B3	60.3	47.1	20.67	56.1
B4	60.3	30.4	20.34	56.2
B5	60.3	53.1	20.58	57.5

3.2.5　试验加载及测量

试验前先进行预备工作,将钢管中部用打磨机打磨抛光。在柱中截面处沿着环向每隔 90°布置 1 个测点。在测点处用胶水粘贴横向、纵向两片 BX120-5AA 电阻应变片,共 8 片。待粘贴牢固后用万能表测试电阻值,检测是否有断线和短路的情况。偏心距的大小采用移动刀铰的位置进行控制,在试件上下两个加载板处各设置一个位移计,在受拉侧高度 25%、50%、75%处设置三个位移计,用以测量整体变形,如图 3-7 所示。

在加载之前,对试件的承载力最大值进行了估算。通过对比相关公式,11 个试件均使用蔡绍怀公式的计算结果 N_c 作为预估值。试件偏心受压试验在结构试验室 5 000 kN 压力机上进行。首先进行预加载以检查测试仪器设备的工作情况以及应变片和位移计的数据读取是否正常,从而确保试验的顺利进行。正式加载采用分级加载,每级增加荷载大小为预估值 N_c 的 1/15,用计时器控制载荷时间 180 s。在临近预估荷载最大值时,降低压力机的加载速度并不断采集数据。在超过极限荷载后,仍然进行持续慢速加载,直至试件挠曲变形过大时停止加载。

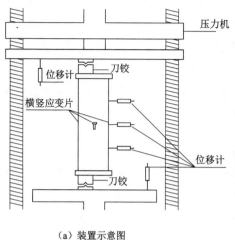

（a）装置示意图 　　　　　　　　　　（b）加载装置

图 3-7　偏压试验加载装置

3.2.6　试验过程及破坏形态

刚开始加载时,试件通过人工观测并无任何变形。当荷载提升到极限承载力的 75％～80％时,碰触钢管表面会有铁锈呈粉状附着在试验手套上,试件外观变化不大。荷载继续提升到峰值左右时,侧向挠度开始发展。靠近试件附近可以听见微弱的啪啪响声。当加载板继续移动,荷载已经开始下降,试件向刀铰方向呈圆弧形变化,在钢管受压侧可以看到明显的屈曲,且屈曲形态不断增大,试件内的啪啪声音时而出现,且比刚开始出现时的声音要大。随着继续加载,试件的载荷迅速下降,试件已经破坏,试验结束。

11 根试件的变形形态如图 3-8 所示,钢管再生大骨料自密实混凝土短柱偏压试件均呈现出弯曲破坏形态而未出现失稳破坏,属于强度破坏。试件受压侧钢管表面出现多处屈曲,一般发生在试件的 1/2 高度处与 1/4、3/4 高度处。试验结束后,将试件从加载机上取下,横着放在地面上。图 3-9 所示为将钢管外壁剖开后受拉侧与受压侧的混凝土破坏状态。在受压侧可以明显看到混凝土的破坏形态,由于外部钢管的约束,混凝土受压区并无过大的裂缝。受拉侧混凝土受拉开裂,产生一段一段的横向裂缝。横向裂缝并不均匀,在柱中的开裂最大,靠近试件端部的裂缝小。

图 3-8　偏压试件变形图

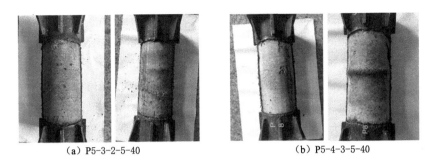

　　（a）P5-3-2-5-40　　　　　　　　　　（b）P5-4-3-5-40

图 3-9　典型试件核心混合混凝土破坏图

3.2.7　试验结果及分析

3.2.7.1　荷载-跨中挠度曲线

（1）偏心距 e 对荷载（N）-跨中挠度（u）曲线的影响

从图 3-10 可以看出,当 $e=20$ mm 时,极限承载力为 2 120 kN。当 $e=40$ mm 时,极限

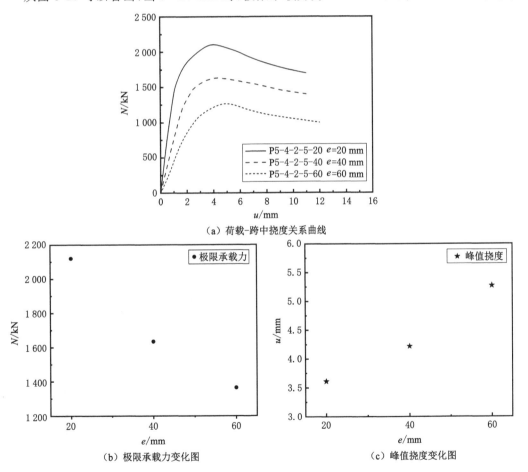

（a）荷载-跨中挠度关系曲线

（b）极限承载力变化图　　　　　　　（c）峰值挠度变化图

图 3-10　偏心距对比组荷载-跨中挠度关系图

承载力为 1 635 kN,比 $e=20$ mm 时减小 22.87%。当 $e=60$ mm 时,极限承载力为 1 364 kN,比 $e=40$ mm 时减小 16.57%。可以发现,试件的极限承载力随着偏心距的增加而减小,且影响十分显著。当 $e=20$ mm 时,峰值挠度为 3.61 mm。当 $e=40$ mm 时,峰值挠度增加为 4.22 mm,比 $e=4$ mm 时增加 16.9%。当 $e=60$ mm 时,峰值挠度增加为 5.27 mm,比 $e=4$ mm 时增加 24.88%。试件的峰值挠度随着偏心距的增加而增大。由于偏心距的增大,试件的弯矩也变得更大,这也使得试件承载力大幅度地降低,且变形更加严重。

(2) 钢管壁厚 t 对荷载(N)-跨中挠度(u)曲线的影响

从图 3-11 中可以看出,当 $t=3.78$ mm 时试件的极限承载力为 1 590 kN。当 $t=4.36$ mm 时试件的极限承载力为 1 635 kN,比 $t=3.78$ mm 时增加 2.83%。当 $t=5.74$ mm 时试件的承载力为 1 750 kN,比 $t=4.36$ mm 时增加 7%。由此可知,即钢管壁厚越大,试件的极限承载力越高。当 $t=3.78$ mm 时试件峰值挠度为 4.65 mm。当 $t=4.36$ mm 时试件的峰值挠度降低为 4.22 mm,比 $t=3.78$ mm 时降低 9.25%。当 $t=5.74$ mm 时试件的峰值挠度降

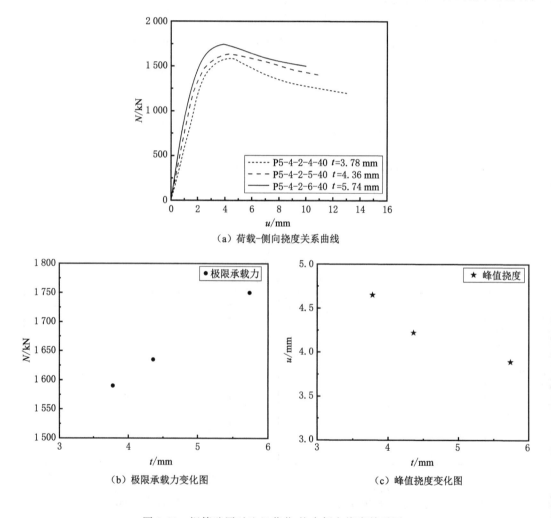

(a) 荷载-侧向挠度关系曲线

(b) 极限承载力变化图　　　　　　　(c) 峰值挠度变化图

图 3-11　钢管壁厚对比组荷载-柱中侧向挠度关系图

低为 3.89 mm，比 $t＝4.36$ mm 时降低 7.82％。这说明钢管壁厚越大，峰值挠度越低。当钢管壁厚不同时，荷载在到达极限后的下降阶段均较为平缓，相比较而言，壁厚小的试件下降更快。由于钢管的约束性能，核心混凝土三向受力，限制了混凝土的开裂与膨胀，使得组合试件均有较好的延性。

（3）再生大骨料粒径区间对荷载（N）-跨中挠度（u）曲线的影响

如图 3-12 所示，当再生骨料粒径区间为 50～70 mm 时，试件的极限承载力为 1 627 kN。当再生骨料粒径区间为 70～85 mm 时，试件的极限承载力为 1 635 kN，相比再生骨料粒径区间为 50～70 mm 时提高 0.5％。当再生骨料粒径区间为 85～100 mm 时，试件的极限承载力为 1 681 kN，相比再生骨料粒径区间为 50～70 mm 时提高 3.3％。当再生骨料粒径区间为 50～70 mm 时，试件峰值挠度为 4.31 mm。当再生骨料粒径区间为 70～85 mm 时，试件的峰值挠度为 4.22 mm，相比再生骨料粒径区间为 50～70 mm 时降低 2.1％。当再生骨

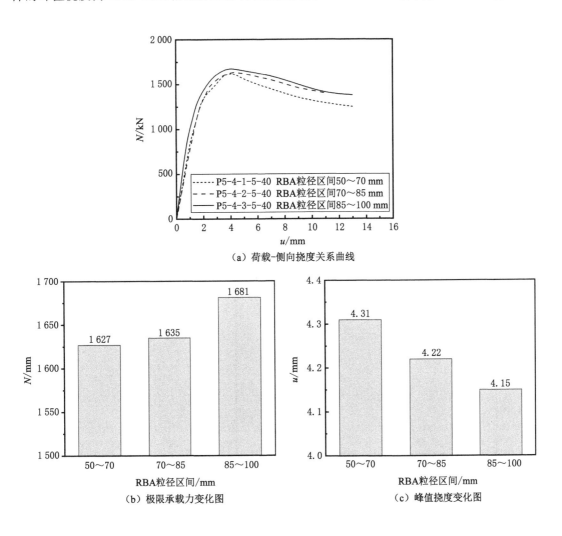

（a）荷载-侧向挠度关系曲线

（b）极限承载力变化图　　　（c）峰值挠度变化图

图 3-12　RBA 粒径区间对比组荷载-柱中侧向挠度关系图

料粒径区间为 85～100 mm 时,试件峰值挠度为 4.15 mm,相比再生骨料粒径区间为 70～85 mm 时降低 1.66%。由此可见,由于骨料粒径的增大,试件极限承载力提高,峰值挠度降低,再生骨料粒径区间对试件的影响均不大,这与堆石混凝土的施工方式有关。在堆石混凝土施工中,骨料摆放是自然堆积的。由于所有的钢管体积相同,在进行骨料填充时,相对较小粒径的骨料因为空隙小,可以填充得更多。不同粒径的大骨料无法通过人为的控制使得不同粒径的骨料取代率相同,只能通过预填充计算不同粒径骨料的取代率。即使用堆石混凝土方式施工时,再生大骨料的粒径越大,试件承载力越高,峰值挠度越低,但是影响不明显。

（4）再生大骨料强度对荷载(N)-跨中挠度(u)曲线的影响

图 3-13 为钢管再生大骨料自密实混凝土偏心受压短柱极限承载力随再生骨料强度的变化曲线。从曲线上可以看出,当再生骨料强度为 30.4 MPa 时,试件的极限承载力为

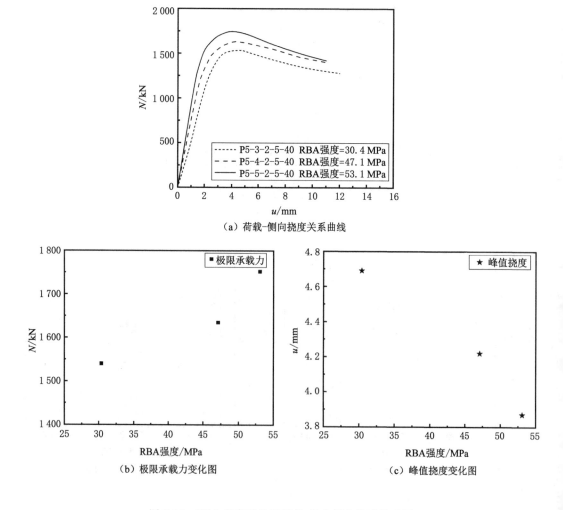

（a）荷载-侧向挠度关系曲线

（b）极限承载力变化图

（c）峰值挠度变化图

图 3-13　RBA 强度对比组荷载-柱中侧向挠度关系图

1 540 kN。当再生骨料强度为 47.1 MPa 时,试件的极限承载力为 1 635 kN,相比于再生骨料强度为 30.4 MPa 时增加了 6.2%。当再生骨料强度为 53.1 MPa 时,试件的极限承载力为 1 752 kN,相比于再生骨料强度为 30.4 MPa 时增加了 13.76%。即随着再生骨料强度的增大,钢管再生大骨料自密实混凝土偏心受压短柱的承载力增大。

(5) 自密实混凝土强度对荷载(N)-跨中挠度(u)曲线的影响

图 3-14 为钢管再生大骨料自密实混凝土偏心受压短柱极限承载力随自密实混凝土强度的变化曲线。从曲线上可以看出,当自密实混凝土强度为 51.1 MPa 时,试件的极限承载力 1 569 kN。当自密实混凝土的强度为 55.5 MPa 时,试件的极限承载力为 1 605 kN,相比于自密实混凝土强度为 51.1 MPa 时增大 2.3%。当自密实混凝土的强度为 60.3 MPa 时,试件的极限承载力为 1 635 kN,相比于自密实混凝土强度为 51.1 MPa 时增大 4.2%。由此可知,试件的极限承载力随着自密实混凝土强度的升高而增大,因为本研究配制自密实混凝土强度偏高,并且三种自密实混凝土强度的实测强度差别较小,因而导致自密实混

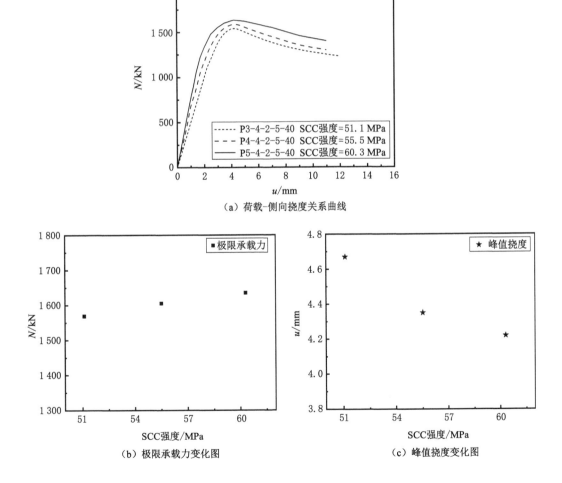

(a) 荷载-侧向挠度关系曲线

(b) 极限承载力变化图　　　　(c) 峰值挠度变化图

图 3-14　SCC 强度对比组荷载-柱中侧向挠度关系图

凝土强度的提高对试件极限承载力的提高不大,并非是自密实混凝土强度变化对试件承载力的变化影响不大。

3.2.7.2 侧向挠曲变形

侧向挠度曲线是对柱结构进行理论分析的条件之一,可以进行试件变形和曲率的运算。图 3-15 所示为 11 个试件在 $0.8N_u$、$0.9N_u$、N_u 以及峰值荷载后 $0.9N_u$ 四种荷载状态下偏压柱侧向挠度特征分布点和拟合曲线,N_u 为峰值荷载。

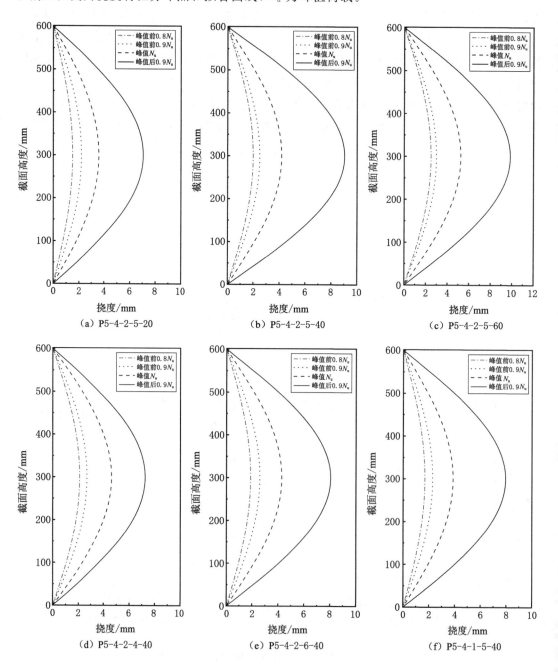

图 3-15 荷载-侧向挠度曲线图

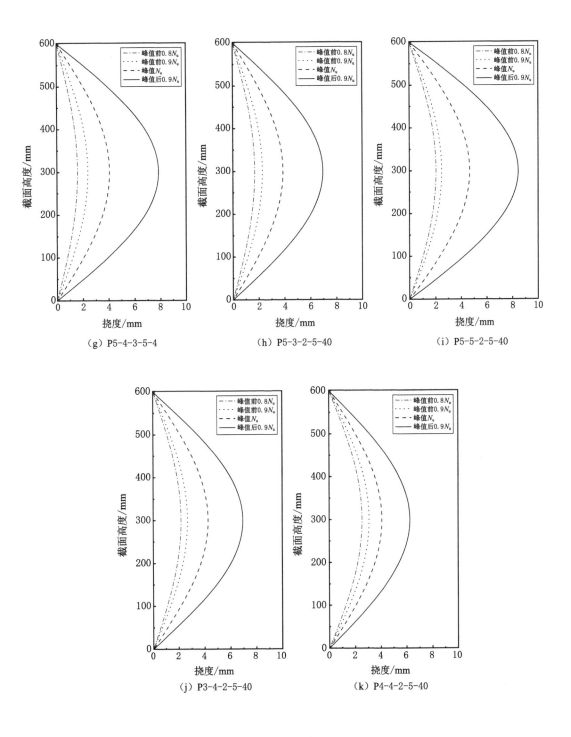

（g）P5-4-3-5-4　　　　　　（h）P5-3-2-5-40　　　　　　（i）P5-5-2-5-40

（j）P3-4-2-5-40　　　　　　（k）P4-4-2-5-40

图 3-15　（续）

特征分布点取值于试件高度二分点与四分点位置的三个位移计读数。从图中可以看出，曲线基本呈上下对称状态，用正弦半波对特征分布点进行拟合，效果良好。

3.2.7.3 荷载纵向应变曲线

试件的中截面应变由 A、B 两个测点的横、纵应变片测得,如图 3-16 所示,高度位于试件的二分点处。分别分析 A、B 两个测点的纵向应变与横向变形系数可以很好地诠释试件的工作机理,探究钢管与核心混凝土的共同工作效应。

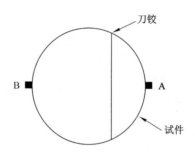

图 3-16　各试件中截面应变片位置示意图

图 3-17 所示为不同参数对比组 A、B 两点荷载-纵向应变变化曲线,试验过程中应变片所测得的拉、压应变异号,图中水平坐标轴的负方向表示压应变。从曲线中可以看出,除了试件 P5-4-2-5-20 之外,其他试件均为 A 点受压,B 点受拉。试件 P5-4-2-5-20 由于偏心率较小($e=$ 20 mm)的原因,在加载前中期,AB 两点均处于受压状态。当荷载继续增加,B 点应变转为受拉。而其他试件($e=40$ mm 或 $e=60$ mm),由于初始弯矩比较大,所以在加载初期 B 点应变即为拉应变。且偏心距越大,拉应变发展的速度越快,试件达到极限荷载时,拉应变越大。当 $N \leqslant 0.8N_u$ 时,试件处于弹性阶段时,AB 两点的纵向应变均呈线性增长。随着荷载的继续增大,试件进入弹塑性状态,曲线均呈非线性,钢管逐渐进入屈服状态。对比 A 与 B 两测点应变值可以发现,受压区要明显大于受拉区,其原因主要是钢管的约束效应,使得试件在受压区有着优越的变形能力。当试件超过极限荷载 N_u 后,曲线开始下降,核心混凝土开裂区扩展。在破坏之前,纵向应变不断增大,下降趋势较为平缓,表现出了试件良好的延性。

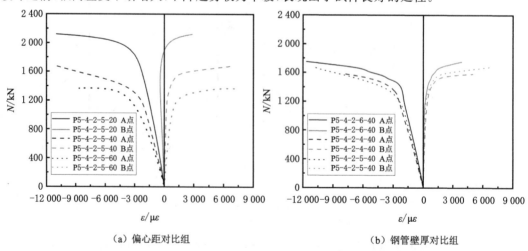

（a）偏心距对比组　　　　　　　　　（b）钢管壁厚对比组

图 3-17　荷载-纵向应变变化图

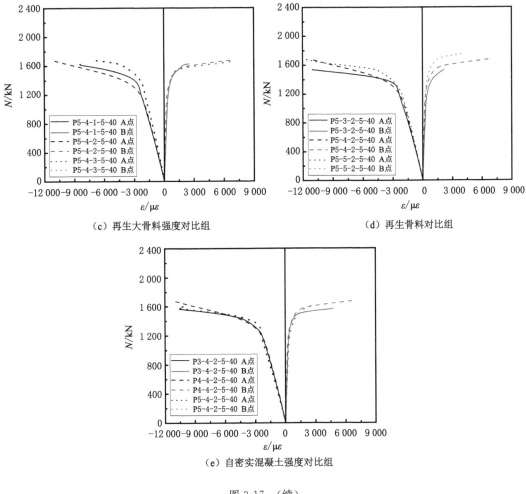

（c）再生大骨料强度对比组　　　　　　（d）再生骨料对比组

（e）自密实混凝土强度对比组

图 3-17　（续）

3.2.7.4　横向变形系数曲线

图 3-18 为各试件中截面处的荷载-横向变形系数（泊松比）曲线,横向变形系数为环向应变与纵向应变的比值,v 的大小体现了钢管紧箍力的变化,可以很好地阐明钢管与核心混凝土之间的作用关系。从图中可以看出,11 个试件 AB 两点 v 的发展规律基本相同,同一个试件受压和受拉两侧从 $0.2N_u$ 到 N_u 曲线的变化趋势有很大差异。在加载初期,受压侧与受拉侧的 v 值在 0.2 与 0.3 之间,这与由 3.1 节试验测得钢材的泊松比平均值在 0.27 左右接近。虽然受压侧比受压侧要高,但是差距不大,此时钢管与混凝土各自工作,两者之间的相互作用较小,钢管的紧箍力不明显。当荷载提升至 $0.8N_u$ 时,构件已经开始进入弹塑性阶段,由于核心混凝土的裂缝区域的扩大,钢管紧箍力已经起作用,构件受压侧 v 值迅速增大,而在受拉侧 v 值逐渐减小,原因是钢管承担了大部分纵向应力,在构件进入弹塑性状态时迅速发展。此时核心混凝土的受力状态是受拉开裂,这使得钢管对核心混凝土之间的受力仅仅体现在黏结和摩擦这些行为上,钢管没有提供束缚作用使得环向应变变化不大。可以得出结论,钢管的紧箍力基本只发生在受压区。

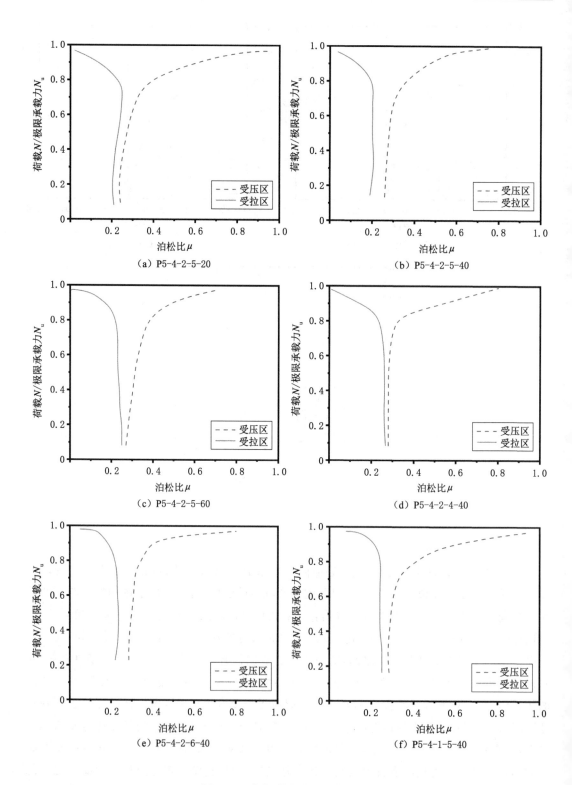

图 3-18　荷载-横向变形系数曲线

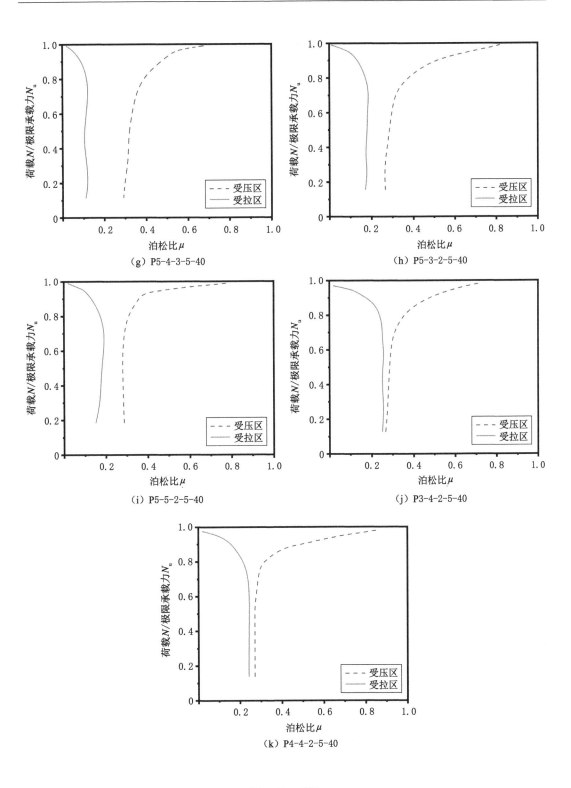

图 3-18 （续）

3.3　钢管再生大骨料自密实混凝土短柱的偏压承载力计算研究

3.3.1　再生大骨料自密实混凝土组合构件强度公式

对于钢管再生大骨料自密实混凝土结构,其核心混凝土本质是自密实混凝土与再生大骨料的混合,所以其核心混凝土强度不能像普通的钢管混凝土或者是钢管再生混凝土那样计算,国内学者张金锁和吴波通过对再生混合构件的研究,分别提出了废弃混凝土与新拌混凝土的组合强度的计算公式。

张金锁提出的公式如下:

$$f_{\mathrm{cu,com}} = f_{\mathrm{cu,new}}(1-\eta) + f_{\mathrm{cu,old}}\eta \qquad (3\text{-}1)$$

式中　$f_{\mathrm{cu,com}}$——再生大骨料自密实混凝土立方体抗压强度,MPa;

$f_{\mathrm{cu,new}}$——自密实混凝土立方体抗压强度,MPa;

$f_{\mathrm{cu,old}}$——再生大骨料立方体抗压强度,MPa。

由于张金锁公式是在再生大骨料与自密实混凝土强度差值在 15 MPa 以内的试验条件下提出的,吴波公式是在再生大骨料粒径为 5～16 mm 的试验条件下提出的,两种公式与本章的试验概况皆有所出入,因此有必要将公式计算值与试验值进行比较以寻求再生大骨料自密实混凝土组合构件的强度计算公式。表 3-10 列出了两种公式的计算结果与试验值的对比,由表中数据可以看出,吴波公式可以相对准确地计算组合试件立方体抗压强度,因此在计算钢管再生大骨料自密实混凝土偏心受压短柱极限承载力时可以使用吴波公式计算的核心混凝土的强度数值。

表 3-10　再生大骨料自密实混凝土组合试件试验值与公式值对比

编号	SCC 强度 f_{new}/MPa	RBA 强度 f_{old}/MPa	η/%	试验值 f_{cu}/MPa	张金锁公式 f_{zhang}/MPa	张金锁公式 误差/%	吴波公式 f_{wu}/MPa	吴波公式 误差/%
B1	51.1	47.1	20.64	48.8	50.27	3.02	49.83	2.12
B2	55.5	47.1	20.55	54.6	53.77	2.23	52.80	0.38
B3	60.3	47.1	20.67	56.1	57.57	2.62	55.95	−0.26
B4	60.3	30.4	20.34	51.2	54.22	5.90	49.58	−3.16
B5	60.3	53.1	20.58	57.5	58.82	2.29	58.00	0.87

3.3.2　各规范和公式承载力计算

3.3.2.1　基于极限平衡理论的偏压承载力研究

结构极限承载能力的计算,可以用两种不同的方法进行。第一种是全过程分析法,这种方法需要跟随结构的荷载历史,从结构的弹性状态开始,经过塑性状态,最后达到极限状态。这种方法需要确定结构材料的本构关系,比较繁难,尤其是弹塑性阶段难以确定。至今只有较简单的课题得到了解决。另一种方法是极限分析法,或极限平衡法。这种方法不管加载历史和变形过程,直接根据结构处于极限状态时的平衡条件算出极限状态的荷载数值。从理论上讲,两种方法所得到的结果应该是一样的。后一方法由于绕过了困难的弹塑性阶段,不需要确定材料的本构关系,因而比前一方法简便得多。

极限平衡理论的基本假设:

① 结构变形的微小性。在结构丧失承载能力之前,结构和元件的变形很小,因而可以忽略静力平衡方程中的几何尺寸的变化,始终按变形前的结构尺寸来考虑静力平衡关系。

② 元件极限条件的稳定性。结构的元件在达到极限强度时,其变形应能足够地急剧增长,但变形的增长不会改变元件的极限屈服条件。在结构丧失承载能力之前,结构的所有元件都不会失去稳定。

③ 荷载增长的单调性和一致性。作用于结构上的所有荷载都按同一比例徐徐增长,即所谓准静力式的简单加载。

国内学者蔡绍怀根据极限平衡条件提出关于偏心受压构件承载力公式(本实验 $L/D<4$,故不考虑长细比的折减系数):

$$N_u = \varphi_c N_0 \tag{3-2}$$

当 $\theta \leqslant 1.235$ 时,

$$N_0 = A_c f_c (1 + 2\theta) \tag{3-3}$$

当 $\theta > 1.235$ 时,

$$N_0 = A_c f_c (1 + \sqrt{\theta} + \theta) \tag{3-4}$$

$$\theta = \frac{A_y f_y}{A_c f_c} \tag{3-5}$$

式中　N_u——钢管混凝土偏心受压短柱极限承载力,kN;

$\quad\quad N_0$——钢管混凝土轴心受压短柱极限承载力,kN;

$\quad\quad A_c$——核心混凝土横截面积,mm²;

$\quad\quad A_y$——钢管的横截面积,mm²;

$\quad\quad f_c$——核心混凝土的轴心抗压强度,MPa;

$\quad\quad f_y$——钢管的屈服强度,MPa;

$\quad\quad \theta$——钢管混凝土的套箍指标;

$\quad\quad \varphi_c$——偏心率影响的承载力折减系数。

对于钢管混凝土柱应考虑偏心率影响的承载力折减系数 φ_c,可按下列公式计算:

当 $e_0/r_c \leqslant 1.55$ 时

$$\varphi_c = \frac{1}{1 + 1.85 \dfrac{e_0}{r_c}} \tag{3-6}$$

当 $e_0/r_c > 1.55$ 时

$$\varphi_c = \frac{0.4}{\dfrac{e_0}{r_c}} \tag{3-7}$$

式中 e_0——初始偏心距,mm;

       r_c——核心混凝土横截面的半径,mm。

3.3.2.2   基于统一理论的偏压承载力研究

钢管混凝土构件在两种及多种荷载共同作用时,钟善桐提出把钢管混凝土作为统一的组合材料,研究其综合性能的观点。基本思想是分别选定钢材和核心混凝土的本构模型,然后利用数值方法计算出各类构件的组合关系。由此组合关系可得到钢管混凝土的各种力学组合性能指标,把钢管混凝土视为统一体,从而为计算各种荷载作用下构件的承载力创造了条件。由于钢材及核心混凝土的本构关系模型中已包含紧箍力效应,在组合关系中也就包含有紧箍力效应。钢管混凝土的组合力学性能指标中自然也就包含了这种效应,直接应用这些指标进行构件承载力计算,可以使概念清晰、公式简单。通过研究构件的荷载-变形关系曲线和几种内力的相关关系曲线,提出钢管混凝土构件在复杂受力状态下的极限承载力统一计算公式。

（1）钟善桐公式

$$N_u = A_{sc} f_{scy} \tag{3-8}$$

$$f_{scy} = (1.212 + B\xi_0 + C\xi_0^2) f_c \tag{3-9}$$

$$B = \frac{0.175\,9 f_y}{235} + 0.97\,4 \tag{3-10}$$

$$C = -\frac{0.103\,8 f_c}{20} + 0.030\,9 \tag{3-11}$$

$$\xi_0 = \frac{A_y f_y}{A_c f_c} \tag{3-12}$$

$$M_u = \gamma_m W_{scy} f_{scy} \tag{3-13}$$

$$\gamma_m = -0.483\,2\xi_0 + 1.926\,4\sqrt{\xi_0} \tag{3-14}$$

$$\begin{cases} \dfrac{N}{1.4N_u} + \dfrac{M}{M_u} \leqslant 1 & \dfrac{N}{A_{sc}} \leqslant 0.2 f_{scy} \\[3mm] \dfrac{N}{N_u} + \dfrac{M}{1.071 M_u} \leqslant 1 & \dfrac{N}{A_{sc}} \geqslant 0.2 f_{scy} \end{cases} \tag{3-15}$$

式中 N——轴力设计值,kN;

       M——弯矩设计值,kN·mm;

       N_u——轴压状态的极限承载力,kN;

       M_u——纯弯状态的极限弯矩,kN·mm;

       f_y——钢材屈服强度,MPa;

       f_c——核心混凝土轴心抗压强度,MPa;

       γ_m——截面塑性发展系数;

       ξ_0——约束效应系数;

f_{scy}——钢管混凝土轴压组合强度，MPa；

A_{sc}——钢管混凝土组合截面的面积，mm^2；

W_{scy}——组合抗弯截面模量，截面绕中性轴的惯性矩与截面直径的比值；

B、C——计算参数。

$$W_{scy} = \frac{\pi D^3}{32} \tag{3-16}$$

（2）韩林海公式

$$N_u = A_{sc} f_{scy} \tag{3-17}$$

$$f_{scy} = (1.212 + B\xi_0 + C\xi_0^2) f_c \tag{3-18}$$

$$B = \frac{0.175\,9 f_y}{215} + 0.974 \tag{3-19}$$

$$C = -\frac{0.103\,8 f_c}{15} + 0.030\,9 \tag{3-20}$$

$$\xi_0 = \frac{A_y f_y}{A_c f_c} \tag{3-21}$$

$$M_u = \gamma_{sz} W_{scy} f_{scy} \tag{3-22}$$

$$\gamma_m = -0.404\,7\xi_0 + 1.762\,9\sqrt{\xi_0} \tag{3-23}$$

$$\begin{cases} \dfrac{N}{1.4N_u} + \dfrac{M}{M_u} \leqslant 1 & \dfrac{N}{A_{sc}} \leqslant 0.2 f_{scy} \\[3mm] \dfrac{N}{N_u} + \dfrac{M}{1.071 M_u} \leqslant 1 & \dfrac{N}{A_{sc}} \geqslant 0.2 f_{scy} \end{cases} \tag{3-24}$$

式中符号含义同上。

可以看出，韩林海与钟善桐计算公式只有钢管、混凝土以及部分系数的取值不同，其余的计算方式是一致的。同时此种计算公式也被我国《战时军港抢修早强型组合结构技术规程》（GJB 4142—2000）和《钢管混凝土结构技术规程》（DBJ/T 13-51-2020）所采用。因本章所采用试验试件约束效应系数都在 0.45～0.66 之间，所以采用韩林海简化公式进行计算。

3.3.2.3 《钢管混凝土结构设计与施工规程》（JCJ 01—89）承载力公式

《钢管混凝土结构设计与施工规程》（JCJ 01—89）是我国第一部有关钢管混凝土的设计规程，是针对圆钢管混凝土构件的设计方法，偏压构件的承载力采用如下公式进行计算：

$$N = \gamma \varphi_e (A_s f_s + K_1 A_c f_c) \tag{3-25}$$

式中　N——轴力设计值，kN；

　　　f_s——钢材屈服强度，MPa；

　　　f_c——混凝土轴心抗压强度设计值，MPa；

　　　A_s——钢管截面面积，mm^2；

　　　A_c——核心混凝土面积，mm^2；

　　　K_1——核心混凝土强度提高系数，由规范查表可得；

　　　φ_e——偏压承载力的折减系数，由规范查表可得；

γ——关于 φ_e 的修正值：

$$\gamma = 1.124 - \frac{2t}{D} - 0.000\ 4f_c \tag{3-26}$$

其中，t 为钢管壁厚，mm；D 为钢管混凝土组合构件直径，mm。

3.3.2.4 美国规程 AISC-LRFD 偏心受压承载力公式

规程 AISC-LRFD(1999)是美国钢结构协会制定的，同时适用于圆形、方形和矩形构件，压弯构件承载力的公式如下：

$$N_u = 0.85f'_c A_c + f_y A_s \tag{3-27}$$

$$M_u = \frac{2r_0 A_s f_y}{\pi} \tag{3-28}$$

$$\begin{cases} \dfrac{N}{\varphi_c N_u} + \dfrac{8M}{9\varphi_b M_u} \leqslant 1 & N \geqslant 0.2\varphi_c N_u \\ \dfrac{N}{2\varphi_c N_u} + \dfrac{8M}{\varphi_b M_u} \leqslant 1 & N < 0.2\varphi_c N_u \end{cases} \tag{3-29}$$

式中　N——轴力设计值，kN；

M——弯矩设计值，kN·mm；

φ_c——系数，取 0.85；

φ_b——系数，取 0.9；

N_u——轴压状态的极限承载力，kN；

M_u——纯弯状态的极限弯矩，kN·mm；

f'_c——直径 152.4 mm、高 304.8 mm 的混凝土圆柱体抗压强度，MPa；

f_y——钢材屈服强度，MPa；

A_c——核心混凝土的横截面积，mm²；

A_s——钢管的横截面积，mm²；

r_0——钢管外半径，mm。

3.3.2.5 英国规程 BS5400 偏心受压承载力公式

规程 BS5400(1979)是英国标准委员会制定的，同适用于圆形、方形和矩形结构，压弯构件承载力的计算公式如下：

$$N \leqslant N_u \cdot \left[k_1 - (k_1 - k_2 - 4k_3) \cdot \frac{M}{M_u} - 4k_3 \cdot \left(\frac{M}{M_u} \right)^2 \right] \tag{3-30}$$

$$N_u = \frac{A_s f_{ys}}{\gamma_s} + 0.675 \frac{A_c f_{cc}}{\gamma_c}, M_u = S \cdot \frac{f_y}{\gamma_s} \cdot (1 + 0.01m) \tag{3-31}$$

$$S = t^3 \cdot \left(\frac{D}{t} - 1 \right)^2 \tag{3-32}$$

$$f_{cc} = f_{cu} + \frac{f_y C_1 t}{D}, f_{yr} = C_2 f_y \tag{3-33}$$

$$C_1 = 0.012\ 9\left(\frac{L}{D} \right) - \frac{0.705\ 5L}{D} + 9.527\ 5, C_2 = 0.76 + 0.009\ 6\frac{L}{D} \tag{3-34}$$

$$\begin{cases} k_1 = 1 & (\lambda < 0.2) \\ k_1 = \dfrac{A - \sqrt{A^3 - \lambda^3}}{2\lambda^2} \leqslant & (\lambda \geqslant 0.2) \end{cases} \tag{3-35}$$

$$A = 1 + 0.158\sqrt{\lambda^3 - 0.04} + \lambda^3 \tag{3-36}$$

$$l_e = \pi \cdot \sqrt{\frac{E_s I_s + E_c I_c}{N_u}}, \lambda = L/l_e \tag{3-37}$$

$$k_2 = k_{20} \times \frac{[115 - 30 \times (1.8 - \alpha_c) - 100\lambda]}{55}(0 \leqslant k_2 \leqslant k_{20}) \tag{3-38}$$

$$k_{20} = 0.9\alpha_c^2 + 0.2(0 \leqslant k_{20} \leqslant 0.75) \tag{3-39}$$

$$k_3 = k_{30} + \frac{[0.9 \times (\alpha_c^2 - 0.5) + 0.15] \cdot \lambda}{1 + \lambda^3} \tag{3-40}$$

$$k_{30} = 0.04 - \frac{\alpha_c}{15}(k_{30} \geqslant 0) \tag{3-41}$$

$$\alpha_c = \frac{0.45 f_{cu} A_c}{N_u}(0.1 < \alpha_c < 0.8) \tag{3-42}$$

式中　N——轴力设计值，kN；

$\quad\quad M$——弯矩设计值，kN·mm；

$\quad\quad N_u$——轴压状态的极限承载力，kN；

$\quad\quad M_u$——纯弯状态的极限弯矩，kN·mm；

$\quad\quad \gamma_s$、γ_c——钢材和混凝土的材料分项系数，其值分别为 1.1、1.5；

$\quad\quad f_{cc}$、f_{cu}——核心混凝土在三向受压时的极限抗压强度与混凝土立方体抗压强度；

$\quad\quad C_1$、C_2、A——系数；

$\quad\quad f_y$、f_{yr}——钢材的屈服强度与折减后的钢材屈服强度；

$\quad\quad L/D$——长径比；

$\quad\quad m$——常数，从规范图表可以查出；

$\quad\quad k_1$、k_2、k_3——稳定系数；

$\quad\quad \lambda$——相对长细比；

$\quad\quad l_e$——欧拉力等于轴压强度承载力时的临界长度；

$\quad\quad E_s$、E_c——钢材和混凝土的弹性模量；

$\quad\quad I_s$、I_c——钢材和混凝土的截面惯性矩。

3.3.3　承载力试验结果与规范公式计算结果对比分析

对于钢管再生大骨料自密实混凝土结构，其核心混凝土本质是自密实混凝土与再生混凝土（再生大骨料）的混合，所以其核心混凝土强度不能像普通的钢管混凝土或者钢管再生混凝土那样计算。本章已经验证了吴波公式对计算再生大骨料自密实混凝土组合强度的适用性，因而在利用公式(3-1)～公式(3-39)计算钢管再生大骨料自密实混凝土短柱的偏心受压极限承载力时，其各分组核心混凝土强度采用公式分别进行计算。

6 种公式计算值与试验值的比较分析结果列于表 3-11、表 3-12 中。由表 3-11 可知，对照组 P5-4-2-5-20、P5-4-2-5-40、P5-4-2-5-60,对照组 P5-4-2-4-40、P4-4-2-5-40、P5-4-2-6-40,对照组 P5-4-1-5-40、P4-4-2-5-40、P5-4-3-5-40,对照组 P5-3-2-5-40、P4-4-2-5-40、P5-5-2-5-40,对照组 P3-4-2-5-40、P4-4-2-5-40、P5-4-2-5-40 的偏压承载力在相应参数变化下的影响规律,即各公式计算值与试验值变化规律相同,即采用这 6 种公式中的任何一种计算其承载力,都可以得出与试验结果一致的结论,说明这几种公式都可以作为判断钢管再生大骨料自密实混凝土偏压短柱试件的极限承载力随着自密实混凝土强度变化、再生大骨料强度变化、再生大骨料粒径区间变化、含钢率变化、偏心距变化的变化规律的依据。

表 3-11　承载力试验值及公式计算值

编号	试验值 N/kN	蔡绍怀公式 N_c/kN	钟善桐公式 N_z/kN	韩林海公式 N_h/kN	JCJ 01—89 N_j/kN	AISC-LRFD N_a/kN	BS5400 N_b/kN
1/P5-4-2-5-20	2 120	2 257	2 140	2 015	1 919	1 465	1 486
2/P5-4-2-5-40	1 635	1 763	1 761	1 634	1 552	1 083	1 133
3/P5-4-2-5-60	1 364	1 446	1 495	1 367	1 067	858	915
4/P5-4-2-4-40	1 590	1 660	1 660	1 539	1 466	995	1 059
5/P5-4-2-6-40	1 750	1 855	1 853	1 731	1 627	1 161	1 220
6/P5-4-1-5-40	1 627	1 758	1 755	1 631	1 544	1 080	1 130
7/P5-4-3-5-40	1 681	1 768	1 767	1 641	1 560	1 085	1 135
8/P5-3-2-5-40	1 540	1 661	1 639	1 512	1 396	1 039	1 086
9/P5-5-2-5-40	1 752	1 795	1 798	1 670	1 601	1 095	1 148
10/P3-4-2-5-40	1 569	1 700	1 686	1 562	1 456	1 056	1 104
11/P4-4-2-5-40	1 605	1 731	1 722	1 597	1 503	1 069	1 118

表 3-12　公式计算值与试验值的比值

编号	蔡绍怀公式 N_c/N	钟善桐公式 N_z/N	韩林海公式 N_h/N	JCJ 01—89 N_j/N	AISC-LRFD N_a/N	BS5400 N_b/N
1/P5-4-2-5-20	1.065	1.01	0.950	0.905	0.691	0.701
2/P5-4-2-5-40	1.078	1.077	0.999	0.949	0.662	0.693
3/P5-4-2-5-60	1.06	1.096	1.002	0.782	0.629	0.671
4/P5-4-2-4-40	1.044	1.044	0.968	0.922	0.626	0.666
5/P5-4-2-6-40	1.06	1.059	0.989	0.93	0.663	0.697
6/P5-4-1-5-40	1.08	1.078	1.002	0.949	0.664	0.695
7/P5-4-3-5-40	1.052	1.051	0.976	0.928	0.645	0.675
8/P5-3-2-5-40	1.078	1.064	0.982	0.906	0.675	0.705
9/P5-5-2-5-40	1.01	1.011	0.953	0.9	0.616	0.645
10/P3-4-2-5-40	1.084	1.075	0.996	0.928	0.673	0.703
11/P4-4-2-5-40	1.078	1.073	0.995	0.936	0.666	0.696

表 3-12（续）

编号	蔡绍怀公式 N_c/N	钟善桐公式 N_z/N	韩林海公式 N_h/N	JCJ 01—89 N_j/N	AISC-LRFD N_a/N	BS5400 N_b/N
均值	1.063	1.058	0.991	0.912	0.656	0.686
标准差	0.022	0.027	0.021	0.046	0.023	0.019

从表 3-12 可以看出，蔡绍怀公式、钟善桐的公式和韩林海计算值与试验值之比的值为 1.063、1.058 和 0.991，标准差分别为 0.022、0.027 和 0.021。证明这三种公式计算值与试验值吻合良好，其中韩林海公式的准确度更高。规范 JCJ 01—89 公式计算值与试验值之比为 0.912，标准差为 0.046，证明规范 JCJ 01—89 公式计算值略为保守，而美国规范 AISC-LRFD(1999) 和英国规范 BS5400(1979) 公式过于保守。其原因是用这两种规范进行计算时采用的是叠加理论，即不考虑钢管与核心混凝土之间相互作用，导致计算结果偏小。建议可以采用蔡绍怀公式、钟善桐公式和韩林海公式作为钢管再生大骨料自密实混凝土偏压短柱极限承载力的计算公式。

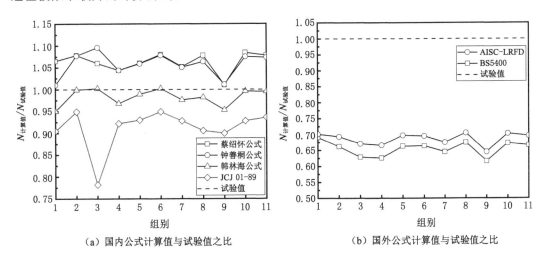

（a）国内公式计算值与试验值之比　　　　　（b）国外公式计算值与试验值之比

图 3-19　公式计算值与试验值对比图

3.4　钢管再生大骨料自密实混凝土短柱偏压有限元分析

3.4.1　材料本构模型

（1）钢材本构

钢材是一种内部组织相对均匀的材料，在受拉和受压状态下力学性能大致相同，在变形不大的情况下接近于各向同性体。因此，钢材本构模型选用 ABAQUS 材料模型库中的各向同性弹塑性模型，此模型遵循各向同性强化法则和 Mises 屈服准则。Mises 屈服准则

可以有效地描述钢材这种塑性材料的屈服状态,其等效应力 σ_s 满足数学表达式:

$$(\sigma_1 - \sigma_2)^2 + (\sigma_2 - \sigma_3)^2 + (\sigma_3 - \sigma_1)^2 = 2\sigma_s^2 \tag{3-43}$$

式中,σ_1、σ_2、σ_3 分别为 x、y、z 三个方向的主应力。

试验中的钢材为 Q235 低碳钢,在有限元计算中的应力-应变关系(图 3-20)适合选用五阶段二次塑流模型,模型分为五个阶段,即弹性段(oa 段)、弹塑性段(ab 段)、塑性段(bc 段)、强化段(cd 段)以及二次塑流段(de 段),其中,f_p、f_y 和 f_u 分别为钢材的比例极限、屈服极限和抗拉强度极限。

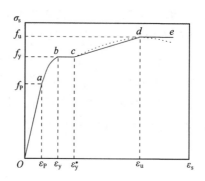

图 3-20 钢材应力-应变关系

$$\alpha_s = \begin{cases} E_s\varepsilon_s & \varepsilon_s \leqslant \varepsilon_p \\ -A\varepsilon_s^2 + B\varepsilon_s + C & \varepsilon_p \leqslant \varepsilon_s \leqslant \varepsilon_y \\ f_y & \varepsilon_y \leqslant \varepsilon_s \leqslant \varepsilon_y^* \\ f_y[1 + 0.6(\varepsilon_s - \varepsilon_y^*)/(\varepsilon_u - \varepsilon_y^*)] & \varepsilon_y^* \leqslant \varepsilon_s \leqslant \varepsilon_u \\ 1.6f_y & \varepsilon_u \leqslant \varepsilon_s \end{cases} \tag{3-44}$$

$$A = 0.2f_y/(\varepsilon_y - \varepsilon_p)^2, \quad B = 2A\varepsilon_y, \quad C = 0.8f_y + A\varepsilon_p^2 - B\varepsilon_p \tag{3-45}$$

$$\varepsilon_p = 0.8f_y/E_s, \quad \varepsilon_y = 1.5\varepsilon_p \tag{3-46}$$

$$\varepsilon_y^* = 10\varepsilon_y, \quad \varepsilon_u = 100\varepsilon_y \tag{3-47}$$

式中　E_s——钢材的弹性模量;

ε_s——钢材比例极限对应的应变;

ε_u——钢材抗拉强度所对应的应变;

ε_p——弹性应变;

ε_y、ε_y^*——屈服平台上前后应力所对应的应变;

A、B、C——参数。

根据钢材拉拔试验实测数据对公式(3-44)做出如下修改:

$$\alpha_s = \begin{cases} E_s\varepsilon_s & \varepsilon_s \leqslant \varepsilon_p \\ -A\varepsilon_s^2 + B\varepsilon_s + C & \varepsilon_p \leqslant \varepsilon_s \leqslant \varepsilon_y \\ f_y & \varepsilon_y \leqslant \varepsilon_s \leqslant \varepsilon_y^* \\ [f_u(\varepsilon_s - \varepsilon_y^*) + f_y(\varepsilon_u - \varepsilon_s)]/(\varepsilon_u - \varepsilon_y^*) & \varepsilon_y^* \leqslant \varepsilon_s \leqslant \varepsilon_u \\ f_u & \varepsilon_u \leqslant \varepsilon_s \end{cases} \tag{3-48}$$

（2）核心混合混凝土本构

混凝土的本构模型在有限元计算中十分重要,考虑到在试验中测得再生大骨料自密实混凝土与天然骨料混凝土的力学性能比较接近,因此再生大骨料自密实混凝土的本构模型可以参照天然骨料混凝土建立。混凝土是一种复合材料,组成成分不均匀,在受拉和受压两种状态下的力学性能差异很大,因此建立混凝土的本构模型较为复杂。本章采用ABAQUS 材料模型库中适用于混凝土等脆性材料的混凝土塑性损伤本构模型(concrete plastic damage),此模型遵循非关联流动法则和 Drucker Prager 屈服准则,定义混凝土分别为受拉开裂和受压碎裂两种情况下失效,可以很好地模拟混凝土的非线性力学行为,并且在计算中比较容易收敛。

在 ABAQUS 建立混凝土塑性损伤模型需要确定 5 个相关常量参数,如表 3-13 所示。

表 3-13　混凝土塑性损伤模型的常量参数

ψ	ε	α_f	K_c	μ
30	1	1.16	0.8	0.000 5

表中 ψ 为塑性势能函数中的膨胀角,不同的学者采用的数值不同,取值范围在 $37°$ 与 $42°$ 之间,本研究经过调试发现在此区间内取值对有限元计算结果影响不大,因此取值 $37°$。ε 为流动势偏心率,是塑性势能函数的一个常量参数,其大小决定着流动势曲线向着渐近线靠拢的趋势,一般取值为 0.1。α_f 为双轴与单轴抗压屈服应力的比值,对于混凝土材料一般取值为 1.16。K_c 为拉压子午线上应力偏量第二应力不变量比值,取值范围为 0.5～1.0,本研究根据多次调试取值 0.8。μ 为黏性系数,可以调节模型在刚度退化或软化阶段的收敛速度,本研究取值为 0.000 5。

本研究核心混凝土在受力过程中受到外部钢管的约束作用,因此采用普通的单轴受压理论曲线不能很好地模拟核心混凝土的受力过程。韩林海团队对国内外研究成果进行了整理和分析,发现核心混凝土的应力-应变关系主要和约束效应系数 ξ 有关,ξ 越大,钢管对混凝土的约束越强,应力-应变关系下降段出现越晚,或者不出现。ξ 越小,混凝土受到钢管的约束作用越小,曲线的下降段越早地出现,而且随着 ξ 的减小,下降段趋势越强。本研究核心混合混凝土的受压本构模型,采用韩林海团队提出的应力-应变关系:

$$y = \begin{cases} 2x - x^2 & (x \leqslant 1) \\ \dfrac{x}{\beta_0 (x-1)^2 + x} & (x > 1) \end{cases} \tag{3-49}$$

$$x = \varepsilon/\varepsilon_0 , y = \sigma/\sigma_0 \tag{3-50}$$

$$\sigma_0 = f'_c , \varepsilon_0 = \varepsilon_c + 800 \cdot \xi^{0.2} \cdot 10^{-6} , \varepsilon_c = (1\ 300 + 12.5 \cdot f'_c) \cdot 10^{-6} \tag{3-51}$$

$$\beta_0 = (2.36 \times 10^{-5})^{0.25 + (\xi - 0.5)^7} \cdot \sqrt{f'_c} \cdot 0.5 \geqslant 0.12 \tag{3-52}$$

$$\xi = A_s f_y / A_c f_c \tag{3-53}$$

式中　f'_c——混凝土圆柱体抗压强度;

　　　σ_0——混凝土峰值应力;

ε_0——混凝土峰值应力对应的应变。

ξ——约束效应系数；

β_0、ε_c——系数。

在有限元计算使用的受拉混凝土本构关系中采用塑性损伤模型中的应力-混凝土断裂能的关系模型对其进行描述，如图 3-21 所示。使用这种方式定义混凝土的受拉软化性能可以更好地收敛。

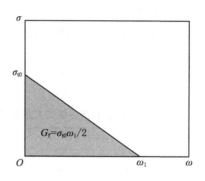

图 3-21　混凝土受拉软化模型

混凝土的应力-断裂能关系参数包括断裂能 G_f、破坏应力 σ_{t0} 和最大裂缝宽度 w_1，当 $f_c = 20$ MPa 时，$G_f = 40$ N/m；当 $f_c = 40$ MPa，$G_f = 120$ N/m；其中 f_c 根据试验实测值测定，G_f 根据插值法计算。σ_{t0} 按照如下公式计算：

$$\sigma_{t0} = 0.26 \times (1.5 f_{ck})^{2/3} \tag{3-54}$$

3.4.2　建立有限元模型

（1）单元类型与网格划分

钢管再生大骨料自密实混凝土短柱试件的有限元模型可以分为三个部分，分别为钢管、核心混凝土和上下盖板。选取单元均为 C3D8R 三维实体单元，即八结点线性六面体减缩积分单元。其中试件的上下盖板也是模型的加载板，其作用主要是传递荷载，对试件整体的受力性能无影响。将其弹性模量设定为 10^{12} MPa、泊松比设定为 0.000 1，来模拟无限大的刚度。

网格划分的作用是对模型进行离散化处理，将连续的区域分割成若干个单元体，并通过节点相连接。网格划分对模型的收敛性和精度有着很大的影响，网格划分过于密集，虽然能使计算结果更加精确，但是会较大幅度地提高计算时间，甚至造成模型计算结果的不收敛。网格划分过于稀疏则使得计算结果精度降低，导致有限元模拟的结果出现错误。本章采用网格的逐渐细化以尝试找到合理的网格划分方法，先将网格尺寸大小设定为试件直径的 1/5，然后逐渐减小网格。通过平衡计算时间与精度，选取网格尺寸大小为试件直径的 1/10。具体网格划分情况见图 3-22。

（2）界面接触及边界条件

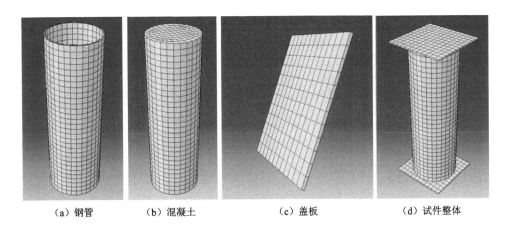

| （a）钢管 | （b）混凝土 | （c）盖板 | （d）试件整体 |

图 3-22　三维实体部件网格划分图

对于试件有限元模型的接触定义有以下三处，分别是钢管与上下盖板的接触、钢管与混凝土的接触以及混凝土与上下盖板的接触，如图 3-23 所示。

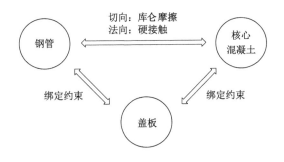

图 3-23　模型各部件界面接触形式

为了保证荷载的有效传递和接触面不出现错动，本章中钢管与上下盖板的面-面接触选择绑定接触，以较大的上下盖板为主表面，钢管顶部与底部为从属面。混凝土与上下盖板的面-面接触选择绑定接触，以较大的上下盖板为主表面，混凝土与底部为从属面。

混凝土与钢管的面-面接触选择定义相互作用，包括界面切线方向的黏结滑移和界面法线方向的接触。界面法线方向的接触采用硬接触，接触面之间任意大小的压力可以完全地在界面之间传递，当两个面接触时产生压力 p，接触面分开时压力变为 0。界面切线方向的黏结滑移采用库仑摩擦模型，接触面之间可以传递剪应力。实际上模拟理想的摩擦行为是比较困难的，一般通过罚函数公式来解决问题，罚函数公式允许接触面的弹性滑动，在小于剪应力临界值 τ_{crit} 的范围内，接触面之间的弹性滑动与剪应力之间为线性关系，如图 3-24 虚线所示。剪应力临界值 τ_{crit} 与界面接触压力 p 成正比例，且不小于平均界面黏结力 τ_{bond}（图 3-25），剪应力临界值 τ_{crit} 采用如下公式计算：

$$\tau_{crit} = \mu_0 \, p \geqslant \tau_{bond}$$

Baltay 和 Gjelsvik 的研究结果表明钢与混凝土的界面摩擦系数 μ_0 在 0.2～0.6 之间。

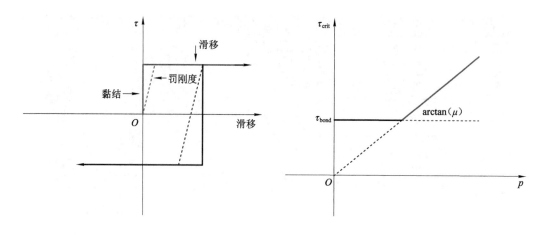

图 3-24　界面剪应力与滑移　　　　　　　图 3-25　界面黏结力

Schneider、Hu、Lam 等在进行钢管混凝土的有限元分析时,界面摩擦系数 μ_0 的取值分别采用 0.25、0.3、0.6,并取得了与试验数据比较吻合的结果。本章对界面摩擦系数 μ_0 进行了敏感性分析,发现 μ_0 的取值不同对钢管再生大骨料自密实混凝土荷载变形曲线的影响较小。由于界面摩擦系数 μ_0 为 0.25 时,有限元分析结果与试验数据更为接近,因此界面摩擦系数 μ_0 的取值采用 0.25。

　　边界条件的设定采用定义参考点的方式,建立上下两个参考点,由于线荷载施加在盖板上可以防止试件因局部应力集中而导致破坏,所以参考点分别与上下盖板上的加载线进行耦合。下部固定端参考点施加 x、y、z 三个方向的位移约束和 x、z 两个方向的转动约束,释放 y 方向的转动约束。上部加载端参考点施加 x、y 方向的位移约束,在 z 方向施加指向试件的位移荷载,位移取试件高度的 1/45。施加 x、z 方向的转动约束,释放 y 方向的转动约束。施加钢管的相互作用及边界条件设置示意图见图 3-26。

　　(3) 运算求解

　　本章的有限元计算包含三类非线性问题,分别为试件由于受力而产生大变形的几何非线性问题;钢材和核心混凝土应力应变关系的材料非线性问题;钢管与核心混凝土的接触状态与接触力改变的非线性问题。在 ABAQUS 中对非线性方程组的求解方法包括增量法、迭代法和增量迭代法,在进行运算时本研究采用增量迭代法,此方法的优点是减小了荷载的划分分级,降低了计算误差。在增量迭代法中,划分荷载自动增量步长,若两个增量步长迭代不超过 5 次,则增量步长提高 50%。若迭代超过 16 次仍不收敛,则增量步长降低 50%。迭代计算采用收敛性较强的牛顿法进行计算,按照位移欧几里得范数判断试件是否收敛。

3.4.3　模拟结果与试验结果比较

　　为了保证有限元建模方法的正确性,通常采用已有的试验结果与有限元计算结果进行对比。本节中对试验中的 11 种工况进行了模拟,分别得到了荷载-挠度曲线以及极限承载力,并与试验结果进行了对比分析。通过 ABAQUS 后处理应力云图和应变云图可以查看

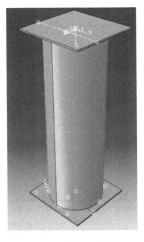

（a）相互作用示意图　　　　　　　（b）边界条件及加载示意图

图 3-26　模型界面相互作用及边界条件

模型的受力和变形形态，图 3-27 所示为模拟得到的应力和应变云图。

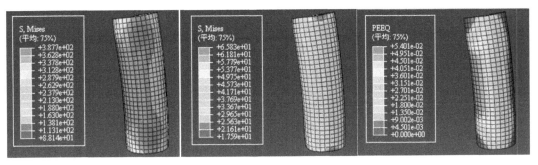

（a）钢管应力云图　　　　（b）核心混凝土应力云图　　　　（c）核心混凝土等效塑性应变云图

图 3-27　应力与应变云图

　　将模拟数据提取后绘制成荷载-挠度曲线，将模拟曲线与试验数据曲线进行比较，如图 3-28 所示。从图 3-28 可见两种曲线吻合良好，特别是极限承载力之前，两条曲线基本吻合，模拟与试验测得的试件的极限承载力最大误差在 6％ 以内，说明本章节的有限元模型建模方式、参数设置以及钢材和混凝土的本构模型的选取是正确的，可以用来模拟钢管再生大骨料自密实混凝土短柱的偏心受压性能研究。图 3-28 中几个试验组的模拟曲线的下降段与试验曲线的下降段出现了不吻合情况，这是由于试验过程中钢管局部屈曲或者其他缺陷造成的，这也说明模拟结果在极限承载力之后不一定会与试验完全吻合，因为模拟值总是比试验结果缺少了试验误差的影响，从总体来看模拟结果还是可以用来预测钢管再生大骨料自密实混凝土短柱的偏心受压行为的。

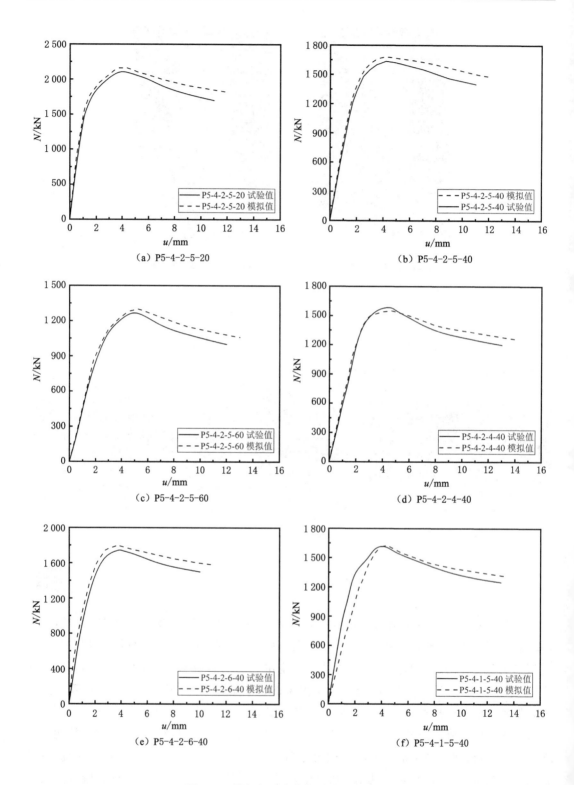

图 3-28　模拟与试验荷载-应变曲线比较

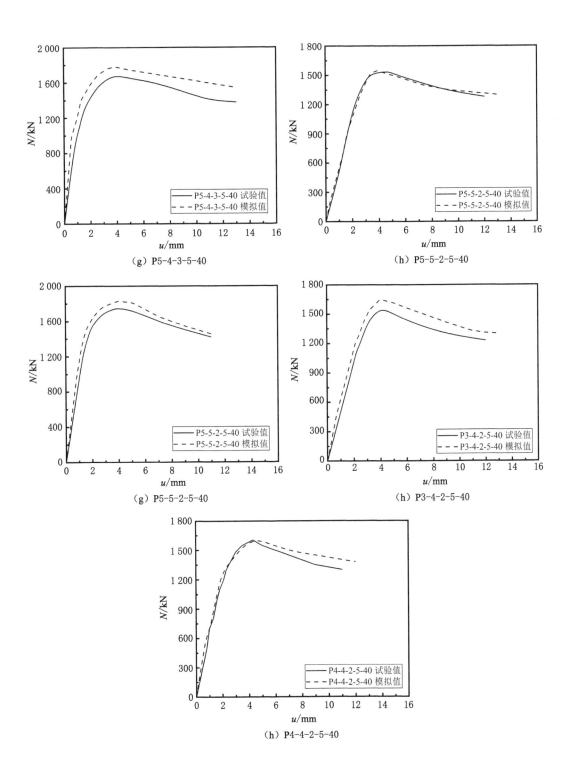

（g）P5-4-3-5-40

（h）P5-5-2-5-40

（g）P5-5-2-5-40

（h）P3-4-2-5-40

（h）P4-4-2-5-40

图 3-28　（续）

3.4.4 荷载-变形关系全过程分析

（1）典型的 N-u 曲线

如图 3-29 所示，以试件 P5-4-2-5-40 模拟值绘制典型钢管再生大骨料自密实混凝土偏心受压短柱构件的荷载中截面位移关系曲线，构件荷载-变形曲线一般分为三个阶段：

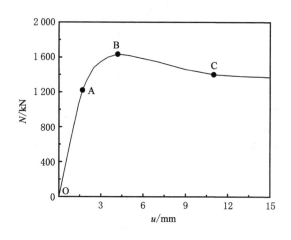

图 3-29　典型构件的 N-u 曲线

① 弹性阶段（OA）。加载初期，构件处于弹性状态，荷载随着挠度增长基本呈线性增长，此阶段钢管和核心混凝土处于单独受力状态。

② 弹塑性阶段（AB）。构件进入弹塑性阶段，核心混凝土在受压状态下，微裂缝开始发展，横向变形变大。由于钢材和混凝土材料的差异，两者变形不同，核心混凝土在纵向应力作用下，产生裂缝并不断开展，使得横向变形系数超过钢管泊松比，两者产生相互作用力，随着纵向变形的增加，钢管对混凝土的约束作用开始增强。此阶段混凝土纵向应力明显增大。

③ 下降阶段（BC）。构件承载力缓慢下降，侧向变形速度明显加快，构件跨中位移增加的同时，中截面混凝土受压区面积减小，受拉区面积增大。

（2）核心混凝土的应力分析

如图 3-30 所示，N-u 曲线上的三个特征点可表示钢管再生大骨料自密实混凝土短柱有限元构件的纵向应力发展情况。

从图中可以看出，核心混凝土跨中截面的受压区面积随着荷载级数和挠度的不断增大而不断减小，该处的受拉面积不断增加，这与试验结果一致。

图 3-31 为有限元试件在极限承载力时，核心混凝土中截面在不同偏心距下的纵向应力分布情况，从图中可以看出，混凝土中截面的受压区面积随着荷载级数和挠度的不断增大而不断减小，该处的受拉面积增加，这与试验结果一致。

从图中可以看出，核心混凝土的纵向应力值沿着长度呈上下对称分布，中截面处应力值最大，越靠近端部应力值越小。

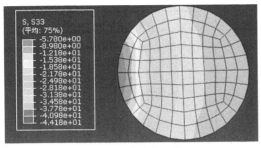 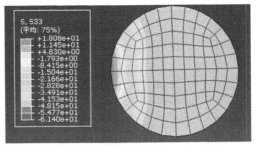

（a）A点纵向应力云图　　　　　　　　　（b）B点纵向应力云图

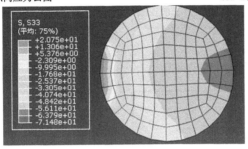

（c）C点纵向应力云图

图 3-30　跨中截面混凝土纵向应力分布

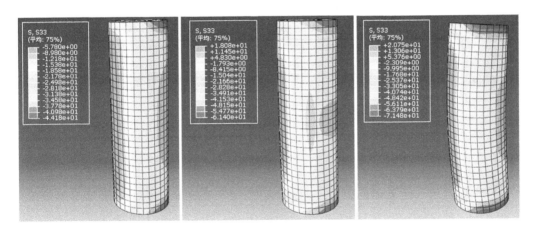

图 3-31　核心混凝土纵向应力分布

3.4.5　模拟结果的参数分析

将模拟结果按 5 种试验参数进行分别比较,见图 3-32,并与第三章中的荷载-竖向应变曲线进行比较观察,模拟曲线中四种参数的变化对试件荷载-竖向应变曲线的影响与试验值曲线很相似,通过模拟曲线完全可以得到与试验一致的结论。如图 3-32(a)所示,与其余三种参数变化下的曲线相比较,钢管壁厚的变化对试件荷载-竖向应变曲线前期影响不一致,

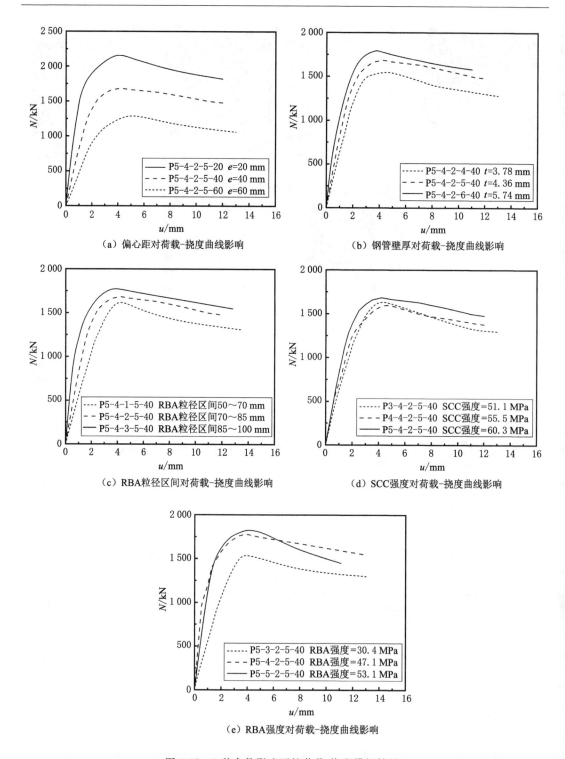

（a）偏心距对荷载-挠度曲线影响

（b）钢管壁厚对荷载-挠度曲线影响

（c）RBA粒径区间对荷载-挠度曲线影响

（d）SCC强度对荷载-挠度曲线影响

（e）RBA强度对荷载-挠度曲线影响

图 3-32　5 种参数影响下的荷载-挠度模拟结果

其余参数变化下,曲线的前期非常一致,几乎看不出差距,证明其余参数变化下试件的刚度、弹性模量几乎一致;但钢管壁厚变化下,尽管差距比较小,也仍可看出曲线前期随着钢管壁厚的增大而斜率增大,即试件弹性模量增大。

3.4.6　约束效应系数的影响

由本章前面的研究可知,采用 ABAQUS 有限元模拟钢管再生大骨料自密实混凝土有着非常高的契合度和准确性,考虑到本章试验研究参数范围较小,并且由于参数的限制使得钢管壁厚的变化对试件荷载-挠度曲线前期的影响不明显,为了更好地对试件受力过程进行研究,现将钢管壁厚范围增大到 5~9 mm,并采用文献中研究提出的"约束效应系数 ξ"的概念。约束效应系数综合考虑了钢管强度和截面积以及核心混凝土强度和截面积的变化,ξ 值的大小与钢材在整个试件受力过程中发挥的作用密切相关,利用约束效应系数可以反映出钢管和核心混凝土之间相互作用的变化,是研究两者相互作用的有效指标。

（1）模拟试件分组

模拟试件参数见表 3-14。

表 3-14　模拟试件参数

编号	L /mm	D /mm	t/mm	ξ	钢材强度 /MPa	SCC 强度 /MPa	RBA 强度 /MPa	混入量 /%	偏心距 e /mm
A1			5	0.67	235	50	50	50	40
A2			6	1.00	260	45	45	50	40
A3	600	200	7	1.72	335	40	40	50	40
A4			8	2.73	400	35	35	50	40
A5			9	3.96	435	30	30	50	40

（2）约束效应系数对荷载-挠度曲线的影响

将模拟结果按照约束效应系数不同绘制于图 3-33 中。如图 3-33 所示,随着约束效应系数的增大,试件极限承载力逐渐增大。在本研究参数范围内,随着约束效应系数的增大,对应的试件极限承载力分别有不同程度的上升,下降段越来越不明显。这证明试件的延性在逐渐增强。

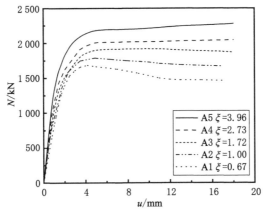

图 3-33　约束效应系数对荷载-挠度曲线的影响

3.5　本章小结

本章主要介绍了钢管再生大骨料自密实混凝土短柱偏心受压的试验研究、承载力计算研究及有限元模拟研究。通过计算对比分析得到的结论如下：

① 在本试验参数范围内，钢管壁厚越大对试件内部核心混合混凝土的约束能力越好，试件极限承载力越大，延性越好；试件承载力随混入再生大骨料强度的增大而增大，有了更高强度的自密实混凝土的作用，再生大骨料的强度变化对试件极限承载力影响不大，且混合的再生大骨料强度越低，钢管的约束作用越明显，荷载-挠度曲线的下降段较为平缓。随着再生大骨料粒径的增大，从试验结果上看，试件极限承载力呈增大的趋势，可以发现，钢管再生大骨料自密实混凝土偏心受压短柱极限承载力随着偏心距的增加而减小。

② 通过比较吴波公式和张金锁公式的计算结果，发现可以采用吴波公式对再生大骨料和自密实混凝土组合后的混合混凝土抗压强度进行计算；蔡绍怀公式、钟善桐公式、韩林海公式、规范 JCJ 01—89 的计算值与试验值吻合良好，而其余两种公式——美国规范和英国规范公式的计算值与试验值相比都过于保守，建议可以采用蔡绍怀公式、钟善桐公式、韩林海公式、规范 JCJ 01—89 公式作为计算钢管再生大骨料自密实混凝土短柱的偏心受压承载力计算公式。

③ 建立了钢管再生大骨料自密实混凝土短柱的偏心受压状态下的有限元模型，模拟了偏心距、SCC 强度、RBA 强度、RBA 粒径区间、钢管壁厚五种参数变化情况下对试件承载力与挠度的影响，结果表明所建模型具有较好的准确性。在偏心受压柱达到极限承载力时，截面的应力分布不均匀，越靠近受压侧边缘应力值越大，塑性变形越大，紧箍力也越大。随着偏心距的增大，截面的受拉区增大，受压区塑性变形减小，构件的承载力降低。

第 4 章　钢管再生大骨料自密实混凝土纯弯构件力学性能研究

4.1　概述

为解决建筑垃圾和砂石等天然资源短缺的矛盾,本章对钢管再生大骨料自密实混凝土纯弯构件进行了研究,填补了钢管再生混合构件在弯矩作用下研究的空白,为工程的应用提供了理论指导。本章通过试验和模拟相结合的方法对钢管再生大骨料自密实混凝土纯弯构件进行了分析研究,进而得到了钢管再生大骨料自密实混凝土纯弯构件的挠度沿跨度的变化曲线、弯矩-跨中挠度曲线、弯矩-应变曲线、弯矩-曲率曲线、受弯承载力以及抗弯刚度。基于试验结果,研究了钢管再生大骨料自密实混凝土纯弯构件各种因素对钢管再生大骨料自密实混凝土纯弯构件力学性能的影响,推导出了适合钢管再生大骨料自密实混凝土纯弯构件的抗弯承载力计算公式。

4.2　钢管再生大骨料自密实混凝土纯弯构件试验概况

4.2.1　材料性能试验

（1）钢材的力学性能

钢材的力学性能参数值由拉伸试验确定。首先在试件所用的三种不同壁厚钢板的任意位置各切取 3 个标准拉伸试件,不同壁厚的标准拉伸试件尺寸如图 4-1 所示,标准拉伸试件两侧中部各布置一对横纵应变片来测量标准拉伸试件的应变。按标准《金属材料 拉伸试验 第 1 部分:室温试验方法》(GB/T 228.1—2021)[62]规定的试验条件和试验要求对 9 个标准拉伸试件在万能机上进行拉伸试验,拉伸试验装置如图 4-2 所示。实测的典型标准拉伸试件的应力(σ)-应变(ε)曲线如图 4-3 所示,钢材的力学性能参数列于表 4-1,其中,f_y 为钢材的屈服强度,f_u 为钢材的极限抗拉强度,E_s 为钢材的弹性模量,μ_s 为钢材的泊松比。

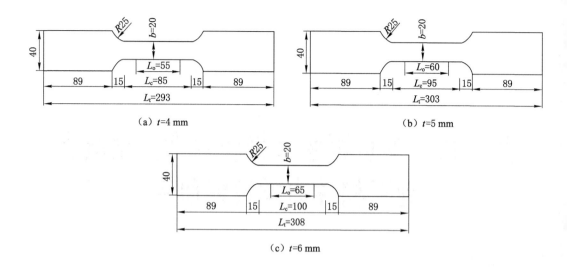

（a）t=4 mm

（b）t=5 mm

（c）t=6 mm

图 4-1　三种壁厚的标准拉伸试件尺寸

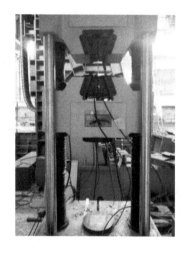

图 4-2　拉伸试验装置图

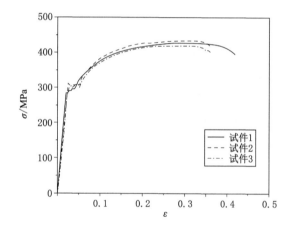

图 4-3　典型标准拉伸试件(6 mm)的应力-应变曲线

表 4-1　钢材的力学性能参数

t/mm	$t_{实}$/mm	f_y/MPa	f_u/MPa	E_s/MPa	μ_s
4	3.7	337	492	195 833	0.27
5	4.4	313	462	202 589	0.28
6	5.6	293	427	185 190	0.27

（2）核心混凝土的力学性能

圆钢管中浇筑的核心混凝土类型分为自密实混凝土和再生大骨料自密实混凝土。其中,自密实混凝土全部按照 C30 设计。水胶比为 0.46,水灰比为 0.73,砂率为 0.47,配合比列于表 4-2。制备自密实混凝土需要的材料有:标号 42.5 的普通硅酸盐水泥;级配良好的

Ⅱ级中粗砂;粒径为 5～10 mm 的天然粗骨料;Ⅰ级粉煤灰;实验室自来水;聚羧酸系高性能减水剂,掺量为胶凝材料掺量的 2%～5%。自密实混凝土的工作性能由塌落扩展度试验评定,如图 4-4 所示,自密实混凝土的扩展度为 795 mm,T_{500} 为 4 s。

自密实混凝土抗压强度取与钢管再生大骨料自密实混凝土试件同期浇灌同条件养护的三个立方体试块的平均值。图 4-5 所示是以《混凝土物理力学性能试验方法标准》(GB/T 50081—2019)[63]规定的方法,在钢管再生大骨料自密实混凝土试件纯弯试验前一天,将自密实混凝土立方体试块放在沈阳建筑大学交通学院的电液式恒加载压力机上量测的试验装置。试验时的立方体抗压强度 $f_{cu,new}$ 列于表 4-2。

表 4-2　混凝土配合比和性能

混凝土类型	配合比/(kg/m³)						性能 $f_{cu,new}$ /MPa
	石子	砂	水泥	粉煤灰	水	减水剂	
自密实混凝土	864	762	305	184	224	19.56	37.2

图 4-4　塌落扩展度试验

图 4-5　自密实混凝土立方体试验装置图

利用与两年前沈阳建筑大学结构实验室的废弃梁同期制作的剩余的立方体试块,在钢管再生大骨料自密实混凝土试件纯弯试验前一天,测得再生大骨料的立方体抗压强度 $f_{cu,old}$,如表 4-3 所示。以《混凝土物理力学性能试验方法标准》(GB/T 50081—2019)规定的方法,在沈阳建筑大学结构工程实验室 500 t 的压力试验机上对 5 组 200 mm× 200 mm×200 mm 的再生大骨料自密实混凝土立方体试块进行了量测,如图 4-6 所示。图 4-7 为再生大骨料自密实混凝土立方体试块的破坏形态图,可见,再生大骨料自密实混凝土立方体试块与普通混凝土的损坏形态相同。将 200 mm×200 mm×200 mm 的再生大骨料自密实混凝土立方体抗压强度乘转换系数 1.05 后得到 150 mm×150 mm×150 mm 的再生大骨料自密实混凝土立方体抗压强度,5 组再生大骨料自密实混凝土立方体实测强度列于表 4-3。

表 4-3　再生大骨料自密实混凝土立方体抗压强度实测值与计算值

强度组合	组 1	组 2	组 3	组 4	组 5
自密实混凝土强度/MPa	37.2	37.2	37.2	37.2	37.2
再生大骨料强度/MPa	41.5	41.5	41.5	29.6	52.6
粒径/mm	90±5	60±5	120±5	90±5	90±5
再生大骨料的混入率/%	28.89	33.89	23.89	28.89	28.89
抗压强度实测/MPa	39.5	40.4	37.5	33.5	41.9
抗压强度计算/MPa	38.76	38.89	38.59	34.19	42.44
强度差/%	1.91	3.88	−2.82	−2.01	−1.28

将表 4-3 中的有关实测数据代入公式(1-1)计算,得到再生大骨料自密实混凝土组合强度的计算值,并将再生大骨料自密实混凝土组合强度的计算值与实测值进行对比,对比结果如表 4-3 所示。由表 4-3 可知,再生大骨料自密实混凝土组合强度的计算值与实测值误差较小,充分说明了再生大骨料自密实混凝土组合强度的实测值是可靠的。

图 4-6　再生大骨料自密实混凝土
立方体试验装置图

图 4-7　再生大骨料自密实混凝土
立方体破坏形态图

4.2.2　试件分组

参考以往试验方法,本章对 8 个钢管再生大骨料自密实混凝土纯弯构件进行了研究,其中 7 个为钢管再生大骨料自密实混凝土构件,1 个为钢管自密实混凝土构件(作为对比构件)。8 个构件长度 L 均为 1 400 mm,有效长度 l_0 为 1 200 mm,外径 d 均为 200 mm,钢管均为 Q235 直焊缝钢管,钢管设计壁厚 t 分别为 4 mm、5 mm、6 mm,钢管两端的盖板尺寸为 240 mm×240 mm×20 mm,试件的具体分组、尺寸及材料参数情况如表 4-4 所示。其中,$f_{cu,new}$ 为试验前一天现浇混凝土的立方体强度,$f_{cu,old}$ 为试验前一天再生大骨料的立方体配制强度,D 为再生大骨料粒径,α 为钢管混凝土构件含钢率($\alpha = \dfrac{A_s}{A_c}$),$\eta$ 为再生大骨料的混入率(钢管内部填充的再生大骨料的质量与再生大骨料自密实混凝土的质量之比),$f_{cu,com}$ 为再生大骨料自密实混凝土组合强度。试件编号的含义如图 4-8 所示。

表 4-4　试件参数

序号	编号	$d \times t \times L/(mm \times mm \times mm)$	D/mm	$\alpha/\%$	$\eta/\%$	$f_{cu,com}/MPa$
1	S3-R0-D0-t5	$200 \times 5 \times 1\,400$	0	9.42	0	37.2
2	S3-R4-D9-t4	$200 \times 4 \times 1\,400$	90	7.83	28.89	39.5
3	S3-R4-D9-t5	$200 \times 5 \times 1\,400$	90	9.42	28.89	39.5
4	S3-R4-D9-t6	$200 \times 6 \times 1\,400$	90	12.22	28.89	39.5
5	S3-R4-D6-t5	$200 \times 5 \times 1\,400$	60	9.42	33.89	40.4
6	S3-R4-D12-t5	$200 \times 5 \times 1\,400$	120	9.42	23.89	37.5
7	S3-R3-D9-t5	$200 \times 5 \times 1\,400$	90	9.42	28.89	33.5
8	S3-R5-D9-t5	$200 \times 5 \times 1\,400$	90	9.42	28.89	41.9

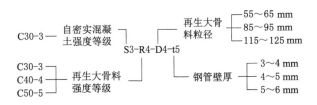

图 4-8　编号含义图

本章试验主要考察了钢管壁厚(t)、再生大骨料强度($f_{cu,old}$)以及再生大骨料粒径(D)对钢管再生大骨料自密实混凝土纯弯构件力学性能的影响。根据以往的研究结果,钢管壁厚(t)是影响钢管混凝土纯弯构件极限抗弯承载力的主要变量,与圆钢管自密实混凝土相比,再生大骨料强度($f_{cu,old}$)、再生大骨料粒径(D)是区分核心混凝土的主要参数。

4.2.3　试件浇筑

试件的制作在沈阳市苏家屯区新盛机械模具制造厂完成。空钢管加工时,首先按照钢管的直径、壁厚、长度下料,然后卷制成中空的圆钢管,在钢管两端截面保持平整的前提下,通过焊缝进行对接。在放入再生大骨料和自密实混凝土之前,首先把中空的圆钢管的一端熔接到 240 mm×240 mm×20 mm 的盖板上,盖板以钢管的几何中心为中心。

再生大骨料全部来自两年前沈阳建筑大学结构实验室的废弃梁,通过机械和人工破碎的方式将废弃梁破碎成 60±5 mm、90±5 mm、120±5 mm 三种尺寸,然后将其袋装,再生大骨料照片如图 4-9 所示。此外,在破碎时会不可避免地造成再生大骨料内部产生裂缝,使得再生大骨料吸水性大大增加,从而对自密实混凝土配合比产生一定的影响,因此,浇筑前将装好袋的再生大骨料泡在水中一天一夜(图 4-10),使再生大骨料达到吸水饱和状态,然后将其取出风干至表面干。

(a) 60 mm±5 mm　　　　　　(b) 90 mm±5 mm　　　　　　(c) 120 mm±5 mm

图 4-9　各种粒径的再生大骨料照片

图 4-10　浸泡中的再生大骨料

浇筑时将焊有盖板的一端放在平地上,开口端朝上,使空钢管竖直放置。首先,将自密实混凝土倒入钢管底部约 20 mm 高度,然后将再生大骨料与自密实混凝土轮换倒入钢管内,同时使用橡胶锤围绕钢管底部四周进行侧振,使自密实混凝土可以很好地填充钢管与再生大骨料、再生大骨料与再生大骨料之间的空隙,再生大骨料距离钢管口 20 mm 时,将自密实混凝土填满钢管,构件浇筑过程如图 4-11(a)所示。浇灌试件的同时制作 3 个 150 mm ×150 mm×150 mm 的自密实混凝土立方体试块和 5 组 200 mm×200 mm×200 mm 的再生大骨料自密实混凝土立方体试块,每组 3 个。其中,每组 200 mm×200 mm×200 mm 的再生大骨料自密实混凝土立方体试块分别对应于 5 个不同核心混凝土的钢管再生大骨料自密实混凝土构件。8 根试件和 18 个立方体试块均选用自然养护的方式,半个月后,将钢管顶部附着的砂浆层清理掉,然后将混凝土表面与钢管表面之间的缺陷处用高强混凝土填充,后用抹刀抹平。试验前,将另一块盖板与钢管顶部焊接在一起。制作完成的所有构件和立方体试块如图 4-11(b)所示。

（a）构件浇筑过程　　　　　　　　（b）制作完成的所有构件和立方体试块

图 4-11　构件的制作

4.2.4　试验加载及测量

三分点弯曲试验在沈阳建筑大学结构工程实验室进行，8 根试件的纯弯段长均为 400 mm，试验加载装置如图 4-12 所示。

图 4-12　试验加载装置图

加载设备为 1 000 kN 压力试验机，油压千斤顶加载，压力试验机给予的载荷由分配梁传送到试件三分点处，压力试验机施加的荷载由 1 000 kN 荷载传感器量测（须标定后进行换算得到准确的荷载值），通过应变片来测量钢管表面的应变变形，通过位移计来测量试件的挠度变形。位移计、传感器和应变片的测量数值通过与采集仪相连的采集系统传输到电脑上。

由于试件的横截面为圆形，为使试件的加载结构与简支结构一样，本试验专门设计了 2 对加载支座，其中一对为 1 个滚动铰支座和 1 个固定铰支座，如图 4-13 所示，另一对与之相同。

荷载由 1 000 kN 传感器量测，每个试件均布置 4 对应变片和 5 个量程为 150 mm 的位

（a）滚动铰支座　　　　　　　　　（b）固定铰支座

图 4-13　加载支座

移计。其中,在试件跨中位置沿钢管上下左右表面的最高点处各粘贴 1 对横纵应变片;在试件纯弯段部分布置 3 个位移计,分别位于三分点和跨中处,考虑到加载支座的变形,在两个加载支座处各布置一个位移计,试件测量装置布置示意图见图 4-14。其中,1～4 表示纵向应变片,$1'$～$4'$表示横向应变片。

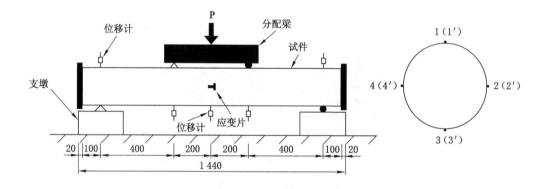

图 4-14　试件测量装置布置示意图

　　试验前先利用 ABAQUS 有限元软件对钢管再生大骨料自密实混凝土纯弯构件进行数值分析,得到其承载力的极限值。在正式加载前,为使试件和加载支座接触良好,确保应变片、位移计读数正常,对试件进行预载是有必要的,预载的荷载值按照承载力极限值的 20％取,加到此预加载值后,停止继续加载,维持此荷载约 2 min,然后缓慢卸载。之后对加载装置和测量装置进行检查,没有错误之后开始正式加载。

　　正式加载时,按照预计的极限荷载进行分级加载,试件加载的过程大体分为 3 个阶段。第一阶段为弹性阶段(小于 60％的极限荷载范围内),按照极限荷载的 1/8 左右的荷载增加幅度进行分级加载;第二阶段为钢管屈服后(超过 60％的极限荷载),每级荷载的增加量减少,按照极限荷载的 1/12 左右的荷载增加幅度进行分级加载;第三阶段为试件接近破坏时,放慢加载速度,连续加载。在试件加载的前两个阶段中,每级荷载停 2 min 左右。待试件跨中挠度达到 60 mm 时停止加载。

4.2.5　试验过程及破坏形态

　　以典型试件 S3-R4-D12-t5 为例,展示钢管再生大骨料自密实混凝土试件在加载全过程中的试验现象,图 4-15 所示为试件 S3-R4-D12-t5 的试验全过程。通过观察典型试件 S3-R4-D12-t5 的试验全过程和弯矩(M)-跨中挠度(u_m)曲线(参见图 4-20),总结如下:加载初期,试件的荷载持续上升,挠度未发生明显的变化,期间,试件发出轻微的噼啪声响,考虑可能是混凝土不密实造成的;加载中期,试件的荷载不断上升,当载荷上升到 228 kN 时,试件发出响声,此时从弯矩(M)-跨中挠度(u_m)曲线可以看出,试件即将进入非线性阶段,肉眼可见试件挠度明显增加,同时,构件两端翘曲现象越来越明显;伴随试验进行,试件的挠度急剧增大,已发生明显的大变形,直到试验停止时(跨中挠度达到 $l_0/20$),荷载值没有出现下降,表现出良好的变形能力。

（a）加载前

（b）加载到极限抗弯承载力阶段

（c）卸载前

图 4-15　试验全过程

　　图 4-16 所示为钢管再生大骨料自密实混凝土试件加载破坏后的破坏特征图。由图可知,钢管自密实混凝土试件和钢管再生大骨料自密实混凝土试件试验破坏后的破坏形态相同,整体呈弓形形状,跨中位置挠度最大,在试件纯弯段部分的顶部受压区,多数试件钢管表面未出现局部鼓曲现象,只有少数试件在接近三分点位置处出现鼓包,考虑到可能是由

于加载点的应力集中造成的。

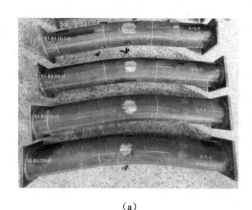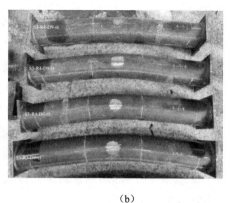

（a）　　　　　　　　　　　（b）

图 4-16　试件的破坏形态

为了观察试件内部混凝土的破坏情况,试件加载破坏后,切开试件纯弯段部分的钢管,对纯弯段部分核心混凝土的裂缝进行了分析。图 4-17 所示为典型试件加载破坏后内部混凝土的破坏情况。可见,在试件纯弯段部分的混凝土受拉区均匀分布着 17 条裂缝,裂缝的宽度越往受压区发展越窄,试验结束时,裂缝延伸至截面的 3/4 高度处。在受压区,未出现混凝土压碎现象。

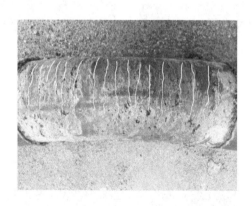

图 4-17　试件内部破坏情况

4.2.6　试验结果及分析

4.2.6.1　挠度沿跨度方向的变化曲线

钢管再生大骨料自密实混凝土纯弯构件表现出较好的塑性,其破坏形态呈弓形。图 4-18 所示为构件在不同弯矩水平(m)下挠度沿跨度方向的变化曲线分布图,图中实线为加载过程中各个测点的实测挠度值,虚线为正弦半波曲线(将试验得到的跨中挠度值作为正弦半波曲线的峰值)。其中,相对弯矩 m 定义为钢管再生大骨料自密实混凝土纯弯构件跨中截面弯矩 M 与极限抗弯承载力 M_{ue} 的比值($m＝M/M_{ue}$),参考钢管混凝土以往的研究

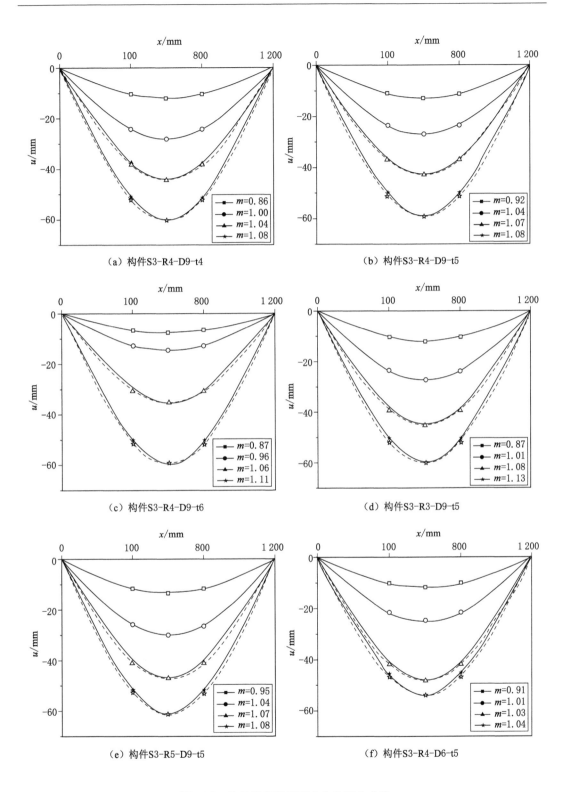

图 4-18　构件挠度沿跨度方向的变化曲线

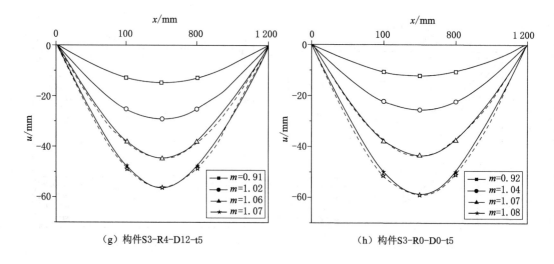

（g）构件 S3-R4-D12-t5　　　　　　　（h）构件 S3-R0-D0-t5

图 4-18　（续）

成果[8]，定义钢管再生大骨料自密实混凝土纯弯构件的极限抗弯承载力 M_{ue} 为试件中部受拉区钢管表面最大纵向拉应变增加到 10 000 $\mu\varepsilon$，此时试件中部截面所代表的弯矩值，所有钢管再生大骨料自密实混凝土纯弯构件的极限抗弯承载力 M_{ue} 列于表 4-5。图中横坐标定义为距离左侧支座的距离 x(mm)，纵坐标定义为试件三分点和跨中处的挠度 u(mm)。由图 4-18 可见，在不同弯矩水平(m)下，三分点和跨中处的纵向位移 u 的连线基本呈左右对称，且与标准正弦半波曲线基本吻合，由此可以说明，完全可将标准的正弦半波曲线代替试件的实测挠曲线。

4.2.6.2　弯矩(M)-跨中挠度(u_m)曲线分析

图 4-19 所示为典型构件 S3-R3-D9-t5 的跨中弯矩(M)-跨中挠度(u_m)曲线。为分析试件的工作机理，图中分别定义了 A、B、C 这 3 个特征点。A 点：受拉区钢管刚开始进入屈服阶段（应变约为 0.002）；B 点：试件达到极限抗弯承载力(M_{ue})；C 点：试验结束。

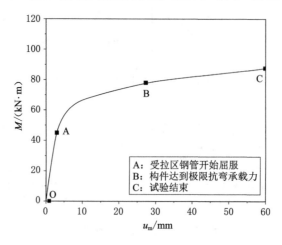

图 4-19　构件 S3-R3-D9-t5 弯矩(M)-跨中挠度(u_m)曲线

由图 4-19 可知,钢管再生大骨料自密实混凝土纯弯构件的弯矩(M)- 跨中挠度(u_m)曲线整体上可大致划分成 3 个部分:线弹性部分(OA)、非线性的弹塑性部分(AB)、塑性强化部分(BC)。各个阶段的工作机理分析如下:

(1) 线弹性阶段(OA)

在该阶段的受弯过程中,钢管再生大骨料自密实混凝土纯弯构件的弯矩(M)- 跨中挠度(u_m)曲线基本呈线性增长,跨中挠度增速明显慢于弯矩增速,弯矩(M)- 跨中挠度(u_m)曲线较陡,构件的挠曲变形小,没有发生明显的变化,同时,抗弯刚度较大。钢管和核心混凝土单独工作,两者的相互作用力较小。在线弹性阶段后期,受拉区部分再生大骨料自密实混凝土达到极限抗拉应变而开始开裂并退出工作,结构塑性内力重分布。因此,在受拉区,主要考虑钢管承受拉应变,而再生大骨料自密实混凝土由于过早退出工作而忽略不计。

(2) 非线性的弹塑性阶段(AB)

伴随载荷不断上升,钢管再生大骨料自密实混凝土纯弯构件进入非线性的弹塑性阶段。在这一阶段,钢管再生大骨料自密实混凝土纯弯构件的弯矩(M)- 跨中挠度(u_m)曲线呈非线性增长,弯矩增速逐渐变慢,跨中挠度增速开始加快,弯矩(M)- 跨中挠度(u_m)曲线变缓,构件开始有可见的弯曲变形,构件的抗弯刚度明显降低。AB 阶段前期:在试件受拉区,钢管达到屈服状态,结构塑性内力重分布,再生大骨料自密实混凝土的裂缝不断生成、向上延伸、变宽,截面塑性区域不断向上发展;受压区钢管还处于弹性阶段,再生大骨料自密实混凝土的压应力增加。AB 阶段后期:受压区钢管也受压屈服,再生大骨料自密实混凝土的压应力持续增加。

(3) 塑性强化阶段(BC)

自 B 点起,钢管再生大骨料自密实混凝土纯弯构件进入塑性强化阶段。在这一阶段,构件的挠度急剧增大,已发生明显的大变形,弯矩没有出现下降的趋势,继续增加,但增长速度趋于缓慢,跨中挠度的增长速度比弯矩的增长速度快很多。因为钢管和核心混凝土之间的相互作用(核心混凝土被钢管束缚,同时钢管内填满混凝土对钢管内壁起到了一个支撑作用),因此,钢管再生大骨料自密实混凝土纯弯构件跨中挠度(u_m)尽管到达了 $l_0/20$,抗弯承载力仍没有下降,这说明钢管再生大骨料自密实混凝土纯弯构件具有很好的延性。

以上为典型构件 S3-R3-D9-t5 各个阶段的工作机理,其余构件均呈现出相同的规律,其余构件的弯矩(M)- 跨中挠度(u_m)曲线如图 4-20 所示。

4.2.6.3　弯矩(M)-纵向应变(ε)曲线

图 4-21 为 7 个钢管再生大骨料自密实混凝土构件跨中受拉区和受压区的弯矩(M)-纵向应变(ε)曲线,其中,虚线表示试件跨中弯矩为极限抗弯承载力 M_{ue} 时的应变值(0.01),图中左半部分为拉应变,右半部分为压应变。由图可知,在受力过程中,钢管再生大骨料自密实混凝土构件划分成三部分:第一部分(弹性部分),加载前期,所有试件上部最大纵向压应变与下部最大纵向拉应变接近相等;第二部分(弹塑性部分),构件下部最大纵向拉应变增长速度越来越快,以至于构件的跨中弯矩增加到极限抗弯承载力 M_{ue} 时,构件下部最大纵向拉应变比构件上部最大纵向压应变多 4 586～6 391 $\mu\varepsilon$ 左右。此外,由图可见,从整体上来说,所有构件的弯矩(M)-纵向应变(ε)曲线的形状是一致的。

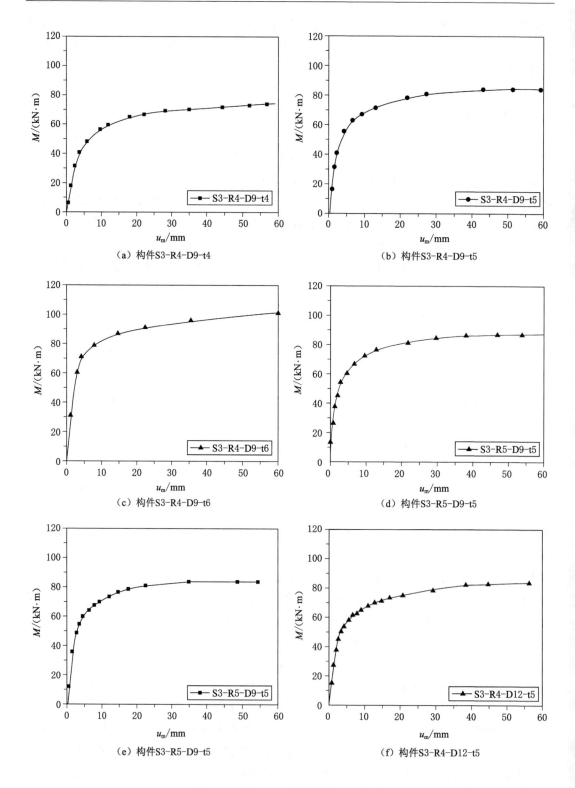

图 4-20　弯矩(M)-跨中挠度(u_m)曲线

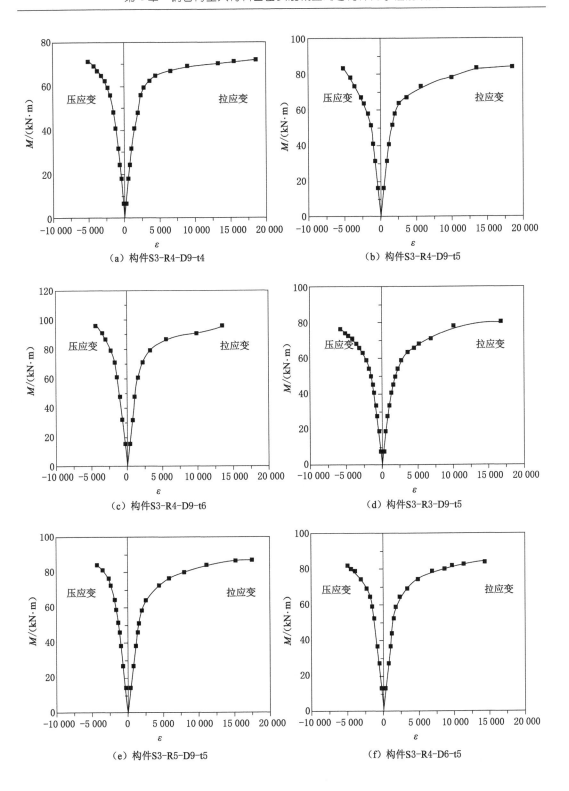

（a）构件S3-R4-D9-t4

（b）构件S3-R4-D9-t5

（c）构件S3-R4-D9-t6

（d）构件S3-R3-D9-t5

（e）构件S3-R5-D9-t5

（f）构件S3-R4-D6-t5

图 4-21　弯矩（M）-纵向应变（ε）曲线

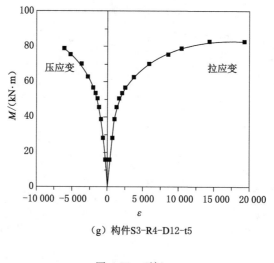

（g）构件S3-R4-D12-t5

图 4-21 （续）

4.2.6.4 弯矩（M）-曲率（ϕ）曲线

文献[64]中定义了研究钢管混凝土纯弯构件的前提：

① 钢管混凝土受纯弯作用时，纯弯段部分截面被中和轴划分成上下两部分：承受拉力部分和承受压力部分；

② 未考虑试件弯曲变形过程中的剪力作用；

③ 构件变形时，弯曲截面始终保持为平截面；

④ 挠度沿跨度方向的变化曲线为正弦半波曲线；

⑤ 钢管和核心混凝土的触碰面没有发生面对面的滑动。

以上前提均已得到验证，因此，完全可以用标准正弦半波曲线公式来代替挠曲线计算构件的曲率：

$$u(x) = u_{\mathrm{m}} \sin\left(\frac{\pi}{l_0 x}\right) \tag{4-1}$$

其中，x 为距离左侧支座的距离，mm；u_{m} 为构件的跨中挠度。

对上式连续两次求导，得到曲率的计算公式：

$$\phi = \frac{\pi^2}{l_0^2} u_{\mathrm{m}} \sin\left(\frac{\pi}{l_0 x}\right) \tag{4-2}$$

因此，构件的跨中曲率（即 $x = l_0/2$）的计算公式：

$$\phi = u_{\mathrm{m}} \left(\frac{\pi}{l_0}\right)^2 \tag{4-3}$$

通过公式（4-3）计算的弯矩（M）-曲率（ϕ）曲线如图 4-22 所示。加载初期，钢管再生大骨料自密实混凝土纯弯构件的弯矩（M）-曲率（ϕ）曲线基本呈线性增长；随着荷载的进一步加大，弯矩增速逐渐变慢，曲率增速开始加快；加载末期，曲率急剧增加，曲率增速明显快于弯矩增速。从图可见，钢管壁厚 t 系列、再生大骨料粒径 D 系列和再生大骨料强度 $f_{\mathrm{cu,old}}$ 系列均对钢管再生大骨料自密实混凝土纯弯构件的弯矩（M）-曲率（ϕ）曲线有一定的影响，但钢

管壁厚 t 对构件弯矩(M)-曲率(ϕ)曲线的影响力度大于再生大骨料粒径 D 和再生大骨料强度 $f_{\text{cu,old}}$。

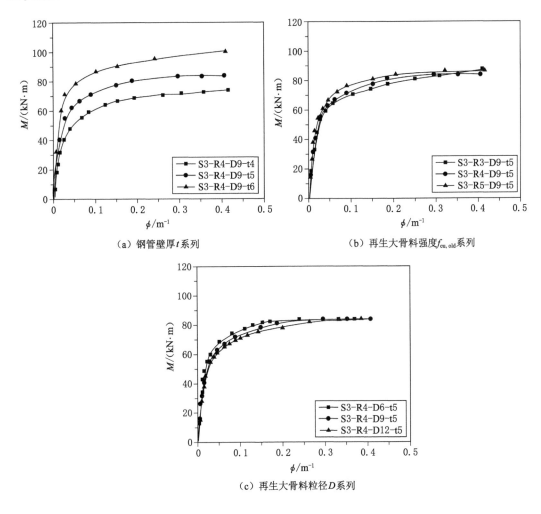

(a) 钢管壁厚 t 系列　　　　　　(b) 再生大骨料强度 $f_{\text{cu,old}}$ 系列

(c) 再生大骨料粒径 D 系列

图 4-22　弯矩(M)-曲率(ϕ)曲线

4.2.7　不同的参数对钢管再生大骨料自密实混凝土构件力学性能的影响

在上述章节的基础上,对钢管再生大骨料自密实混凝土纯弯构件的工作机理有了深入的认识,本节将探究钢管壁厚(t)、再生大骨料强度($f_{\text{cu,old}}$)以及再生大骨料粒径(D)对钢管再生大骨料自密实混凝土纯弯构件极限抗弯承载力(M_{ue})和抗弯刚度(K)的影响。

表 4-5 所示为 7 个钢管再生大骨料自密实混凝土构件和 1 个钢管自密实混凝土构件的屈服弯矩 M_{ye}(受拉区钢管应变约为 0.002)和极限抗弯承载力 M_{ue}。

参考以往的研究成果[65],定义钢管再生大骨料自密实混凝土纯弯构件的初始抗弯刚度(K_{ie})为 $K_{\text{ie}}=0.2M_{\text{u}}$,使用阶段抗弯刚度($K_{\text{se}}$)为 $K_{\text{se}}=0.6M_{\text{ue}}/\phi_{\text{m,0.6}}$,其中,$\phi_{\text{m,0.2}}$、$\phi_{\text{m,0.6}}$ 分别为弯矩为 $0.2M_{\text{ue}}$、$0.6M_{\text{ue}}$ 时对应的曲率值,由弯矩-曲率曲线求得,抗弯刚度值列于表 4-6。

表 4-5　试验结果一览表

编号	参数分析	参数值	$M_{ye}/(kN \cdot m)$	$M_{ue}/(kN \cdot m)$	SI
S3-R0-D0-t5	对照组	—	53.20	74.69	—
S3-R4-D9-t4		4 mm	50.12	69.30	1
S3-R4-D9-t5	t	5 mm	57.85	78.41	1.131 46
S3-R4-D9-t6		6 mm	69.18	90.93	1.31212
S3-R4-D6-t5		60 mm	58.52	81.58	1
S3-R4-D9-t5	D	90 mm	57.85	78.41	0.961 14
S3-R4-D12-t5		120 mm	53.41	78.31	0.959 92
S3-R3-D9-t5		30 MPa	50.75	77.62	1
S3-R4-D9-t5	$f_{cu,old}$	40 MPa	57.85	78.41	1.010 18
S3-R5-D9-t5		50 MPa	60.00	81.08	1.044 58

表 4-6　抗弯刚度

编号	参数分析	参数值	$K_{ie}/(kN \cdot m^2)$	ISI	$K_{se}/(kN \cdot m^2)$	SSI
S3-R0-D0-t5	对照组	—	2 575.00	—	2 115.91	—
S3-R4-D9-t4		4 mm	2 280.36	1	1 619.73	1
S3-R4-D9-t5	t	5 mm	3 381.03	1.482 67	2 351.00	1.451 48
S3-R4-D9-t6		6 mm	4 479.69	1.964 47	3 099.70	1.913 71
S3-R4-D6-t5		60 mm	3 854.73	1	2 864.40	1
S3-R4-D9-t5	D	90 mm	3 381.03	0.877 11	2 351.00	0.820 77
S3-R4-D12-t5		120 mm	2 907.37	0.754 23	2 292.90	0.800 48
S3-R3-D9-t5		30 MPa	3 122.73	1	2 089.25	1
S3-R4-D9-t5	$f_{cu,old}$	40 MPa	3 381.03	1.082 72	2 351.00	1.125 28
S3-R5-D9-t5		50 MPa	3 938.79	1.261 33	3 012.26	1.441 79

为了更加准确、方便地分析不同的参数对钢管再生大骨料自密实混凝土纯弯构件极限抗弯承载力(M_{ue})和抗弯刚度(K)的影响,分别定义了强度系数 SI、初始抗弯刚度系数 ISI、使用阶段抗弯刚度系数 SSI,这三个系数对应的计算公式如下:

$$SI = \frac{M_{ue}}{M_{ue参考构件}} \quad (4-4)$$

$$ISI = \frac{K_{ie}}{K_{ie参考构件}} \quad (4-5)$$

$$SSI = \frac{K_{se}}{K_{se参考构件}} \quad (4-6)$$

式中,参考构件均指钢管壁厚(t)、再生大骨料强度($f_{cu,old}$)以及再生大骨料粒径(D)各个参数下三个构件中的一个构件。

钢管再生大骨料自密实混凝土纯弯构件的强度系数 SI 列于表 4-5,初始抗弯刚度系数

ISI、使用阶段抗弯刚度系数 SSI 列于表 4-6。

4.2.7.1　钢管壁厚(t)

图 4-23 所示为不同钢管壁厚情况下钢管再生大骨料自密实混凝土纯弯构件的弯矩-跨中挠度曲线,三个构件的再生大骨料粒径(D)、再生大骨料强度($f_{cu,old}$)均相同,只改变钢管壁厚(t)。由图可知,钢管壁厚(t)对钢管再生大骨料自密实混凝土纯弯构件的弯矩(M)-跨中挠度(u_m)曲线影响较大。线弹性阶段,曲线越来越陡,更加偏向纵轴,说明钢管厚度(t)提高,构件的抗弯刚度也随之提高,这是因为在受拉区,主要考虑钢管承受拉应变,因此钢管厚度越厚,钢管承受能力越强;非线性弹塑性阶段,随着钢管厚度(t)的增加,构件间的抗弯承载力差距越来越大,充分说明了钢管壁厚(t)和抗弯承载力是正相关的关系;塑性强化阶段,直到试验结束时,构件的弯矩-跨中挠度曲线仍然保持缓慢上升的趋势,这充分说明钢管再生大骨料自密实混凝土纯弯构件具有很好的延性。为了更直观地反映钢管壁厚(t)对钢管再生大骨料自密实混凝土纯弯构件极限抗弯承载力(M_{ue})和抗弯刚度(K)的影响,将构件的极限抗弯承载力(M_{ue})和抗弯刚度(K)绘制于图 4-24,定量地来分析钢管壁厚(t)对钢管再生大骨料自密实混凝土纯弯构件极限抗弯承载力(M_{ue})和抗弯刚度(K)的影响。

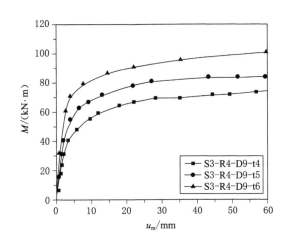

图 4-23　构件弯矩-跨中挠度曲线比较

(1) 极限抗弯承载力

图 4-24(a)为不同钢管壁厚(t)情况下钢管再生大骨料自密实混凝土纯弯构件的极限抗弯承载力的柱状图。由图可知,构件 S3-R4-D9-t5($t=5$ mm)与构件 S3-R4-D9-t4($t=4$ mm)相比,极限抗弯承载力提高了 13.15%,SI 值由 1 提高到 1.131 46;构件 S3-R4-D9-t6($t=6$ mm)与构件 S3-R4-D9-t4($t=4$ mm)相比,极限抗弯承载力提高了 31.21%,SI 值由 1 提高到 1.312 12。随着钢管壁厚(t)的增加,构件的极限抗弯承载力的增长速度基本呈线性增长,充分说明了钢管壁厚(t)是影响钢管再生大骨料自密实混凝土纯弯构件极限抗弯承载力(M_{ue})的重要参数。

(2) 抗弯刚度

图 4-24(b)为不同钢管壁厚情况下钢管再生大骨料自密实混凝土纯弯构件的初始抗弯

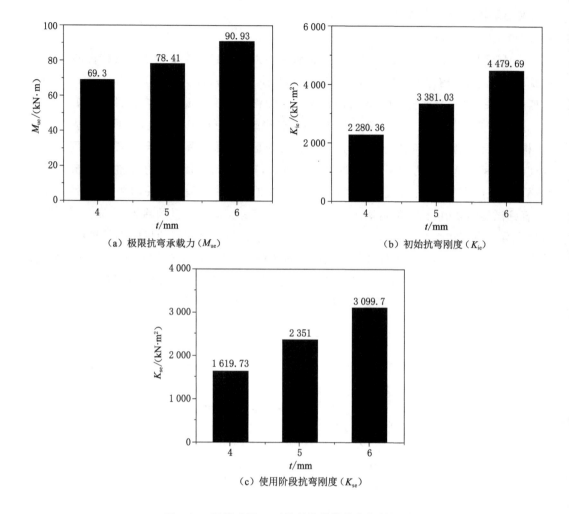

图 4-24　钢管壁厚(t)对构件力学性能指标的影响

刚度(K_{ie})的柱状图,图 4-24(c)为不同钢管壁厚情况下钢管再生大骨料自密实混凝土纯弯构件的使用阶段抗弯刚度(K_{se})的柱状图。初始抗弯刚度(K_{ie}):构件 S3-R4-D9-t5($t=$5 mm)与构件 S3-R4-D9-t4($t=4$ mm)相比,初始抗弯刚度(K_{ie})提高了 48.27%,ISI 值由1 提高到 1.48267;构件 S3-R4-D9-t6($t=6$ mm)与构件 S3-R4-D9-t4($t=4$ mm)相比,初始抗弯刚度(K_{ie})提高了 96.45%,ISI 值由 1 提高到 1.964 47。随着钢管壁厚(t)的增加,构件的初始抗弯刚度(K_{ie})的增长速度基本呈线性增长。使用阶段抗弯刚度(K_{se}):构件 S3-R4-D9-t5($t=5$ mm)与构件 S3-R4-D9-t4($t=4$ mm)相比,使用阶段抗弯刚度(K_{se})提高了45.15%,SSI 值由 1 提高到 1.451 48;构件 S3-R4-D9-t6($t=6$ mm)与构件 S3-R4-D9-t4($t=4$ mm)相比,使用阶段抗弯刚度(K_{se})提高了 91.37%,SSI 值由 1 提高到 1.913 71。随着钢管壁厚(t)的增加,构件的使用阶段抗弯刚度(K_{se})的增长速度基本呈线性增长。综上所述,增加钢管的壁厚,构件的抗弯刚度的增长速度基本呈线性增长,说明钢管壁厚(t)是影响钢管再生大骨料自密实混凝土纯弯构件抗弯刚度的重要参数。此外,通过使用阶段抗弯刚度与初始抗弯刚度的对比,发现钢管再生大骨料自密实混凝土纯弯构件在进入非线性的弹塑性阶段后,抗弯刚度发生了退化。

4.2.7.2　再生大骨料强度($f_{cu,old}$)

图 4-25 所示为不同再生大骨料强度情况下钢管再生大骨料自密实混凝土纯弯构件的弯矩(M)-跨中挠度(u_m)曲线,三个构件的钢管壁厚(t)、再生大骨料粒径(D)均相同,只改变再生大骨料强度($f_{cu,old}$)。由图可知,线弹性阶段,曲线越来越陡,更加偏向纵轴,说明随着再生大骨料强度($f_{cu,old}$)的增加,构件的抗弯刚度也随之增大,但不如钢管壁厚对构件的抗弯刚度影响大,这是因为在受拉区,主要考虑钢管承受拉应变,而再生大骨料自密实混凝土因为比较早地退出工作而使其对抗弯刚度的影响弱于钢管壁厚;非线性弹塑性阶段,随着再生大骨料强度($f_{cu,old}$)的增加,构件间的抗弯承载力差距越来越大,虽然不如钢管壁厚(t)的影响大,但也说明了再生大骨料强度($f_{cu,old}$)和抗弯承载力是正相关的关系;塑性强化阶段,直到试验结束时,构件的弯矩-跨中挠度曲线仍然保持缓慢上升的趋势,这充分说明钢管再生大骨料自密实混凝土纯弯构件具有很好的延性。为了更直观、准确地反映再生大骨料强度($f_{cu,old}$)对钢管再生大骨料自密实混凝土纯弯构件极限抗弯承载力(M_{ue})和抗弯刚度(K)的影响,将构件的极限抗弯承载力(M_{ue})和抗弯刚度(K)绘制于图 4-26,定量地来分析再生大骨料强度($f_{cu,old}$)对钢管再生大骨料自密实混凝土纯弯构件极限抗弯承载力(M_{ue})和抗弯刚度(K)的影响。

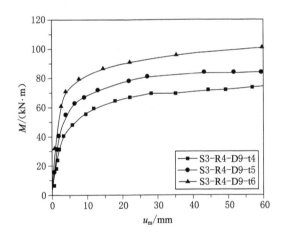

图 4-25　构件弯矩-跨中挠度曲线比较

(1) 极限抗弯承载力

图 4-26(a)为不同再生大骨料强度($f_{cu,old}$)情况下钢管再生大骨料自密实混凝土纯弯构件的极限抗弯承载力的柱状图。由图可知,构件 S3-R4-D9-t5($f_{cu,old}=40$ MPa)与构件 S3-R3-D9-t5($f_{cu,old}=30$ MPa)相比,极限抗弯承载力提高了 1.02%,SI 值由 1 提高到 1.010 18;构件 S3-R5-D9-t5($f_{cu,old}=50$ MPa)与构件 S3-R3-D9-t5($f_{cu,old}=30$ MPa)相比,极限抗弯承载力提高了 4.46%,SI 值由 1 提高到 1.044 58,这充分说明了再生大骨料强度($f_{cu,old}$)和抗弯承载力是正相关的关系。此外,构件 S3-R5-D9-t5($f_{cu,old}=50$ MPa)与构件 S3-R4-D9-t5

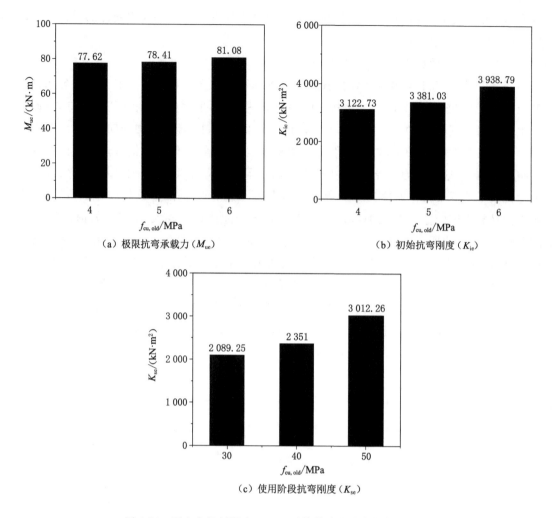

图 4-26　再生大骨料强度（$f_{cu,old}$）对构件力学性能指标的影响

（$f_{cu,old}=40$ MPa）相比，极限抗弯承载力提高了 3.41％，这充分说明了随着再生大骨料强度（$f_{cu,old}$）的增加，构件的极限抗弯承载力的增长速度在提高。由此可知，再生大骨料强度（$f_{cu,old}$）是影响钢管再生大骨料自密实混凝土纯弯构件极限抗弯承载力（M_{ue}）的参数之一，但不如钢管壁厚（t）对构件的极限抗弯承载力影响大。

（2）抗弯刚度

图 4-26(b)为不同再生大骨料强度（$f_{cu,old}$）情况下钢管再生大骨料自密实混凝土纯弯构件的初始抗弯刚度（K_{ie}）的柱状图，图 4-26(c)为不同再生大骨料强度（$f_{cu,old}$）情况下钢管再生大骨料自密实混凝土纯弯构件的使用阶段抗弯刚度（K_{se}）的柱状图。初始抗弯刚度（K_{ie}）：构件 S3-R4-D9-t5（$f_{cu,old}=40$ MPa）与构件 S3-R3-D9-t5（$f_{cu,old}=30$ MPa）相比，初始抗弯刚度（K_{ie}）提高了 8.27％，ISI 值由 1 提高到 1.082 72；构件 S3-R5-D9-t5（$f_{cu,old}=50$ MPa）与构件 S3-R3-D9-t5（$f_{cu,old}=30$ MPa）相比，初始抗弯刚度（K_{ie}）提高了 26.13％，ISI 值由 1 提高到 1.261 33，这充分说明了再生大骨料强度（$f_{cu,old}$）和初始抗弯刚度（K_{ie}）是正相

关的关系。此外,构件 S3-R5-D9-t5($f_{\mathrm{cu,old}}$＝50 MPa)与构件 S3-R4-D9-t5($f_{\mathrm{cu,old}}$＝40 MPa)相比,初始抗弯刚度(K_{ie})提高了 16.50％,这充分说明了随着再生大骨料强度($f_{\mathrm{cu,old}}$)的增加,构件的初始抗弯刚度(K_{ie})的增长速度在提高。使用阶段抗弯刚度(K_{se}):构件 S3-R4-D9-t5($f_{\mathrm{cu,old}}$＝40 MPa)与构件 S3-R3-D9-t5($f_{\mathrm{cu,old}}$＝30 MPa)相比,使用阶段抗弯刚度(K_{se})提高了 12.53％,SSI 值由 1 提高到 1.125 28;构件 S3-R5-D9-t5($f_{\mathrm{cu,old}}$＝50 MPa)与构件 S3-R3-D9-t5($f_{\mathrm{cu,old}}$＝30 MPa)相比,使用阶段抗弯刚度(K_{se})提高了 44.18％,SSI 值由 1 提高到 1.441 79,这充分说明了再生大骨料强度($f_{\mathrm{cu,old}}$)和使用阶段抗弯刚度(K_{se})是正相关的关系。此外,构件 S3-R5-D9-t5($f_{\mathrm{cu,old}}$＝50 MPa)与构件 S3-R4-D9-t5($f_{\mathrm{cu,old}}$＝40 MPa)相比,使用阶段抗弯刚度(K_{se})提高了 28.13％,这充分说明了随着再生大骨料强度($f_{\mathrm{cu,old}}$)的增加,构件的使用阶段抗弯刚度(K_{se})的增长速度在提高。综上所述,增加再生大骨料强度,构件的抗弯刚度的增长速度在提高。由此可见,再生大骨料强度($f_{\mathrm{cu,old}}$)是影响钢管再生大骨料自密实混凝土纯弯构件抗弯刚度的参数之一,但不如钢管壁厚对构件的抗弯刚度影响大。此外,通过使用阶段抗弯刚度与初始抗弯刚度的对比,发现钢管再生大骨料自密实混凝土纯弯构件在进入非线性的弹塑性阶段后,抗弯刚度发生了退化。

4.2.7.3　再生大骨料粒径(D)

图 4-27 所示为不同再生大骨料粒径情况下钢管再生大骨料自密实混凝土纯弯构件的弯矩(M)-跨中挠度(u_{m})曲线,三个构件的钢管壁厚(t)、再生大骨料强度($f_{\mathrm{cu,old}}$)均相同,只改变再生大骨料粒径(D)。从图可见,线弹性阶段,三条曲线几乎重叠,此时从宏观上无法正确判断再生大骨料粒径(D)与抗弯刚度的关系;非线性弹塑性阶段,随着再生大骨料粒径(D)的增加,构件的抗弯承载力在减小;塑性强化阶段,直到试验结束时,构件的弯矩-跨中挠度曲线仍然保持缓慢上升的趋势,这充分说明钢管再生大骨料自密实混凝土纯弯构件具有很好的延性。为了更直观、准确地反映再生大骨料粒径(D)对钢管再生大骨料自密实混凝土纯弯构件极限抗弯承载力(M_{ue})和抗弯刚度(K)的影响,将构件的极限抗弯承载力(M_{ue})和抗弯刚度(K)绘制到图 4-28,定量地来分析再生大骨料粒径(D)对钢管再生大骨料自密实混凝土纯弯构件极限抗弯承载力(M_{ue})和抗弯刚度(K)的影响。

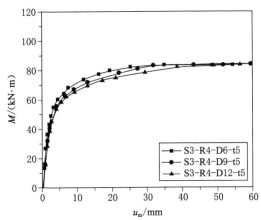

图 4-27　构件弯矩-跨中挠度曲线比较

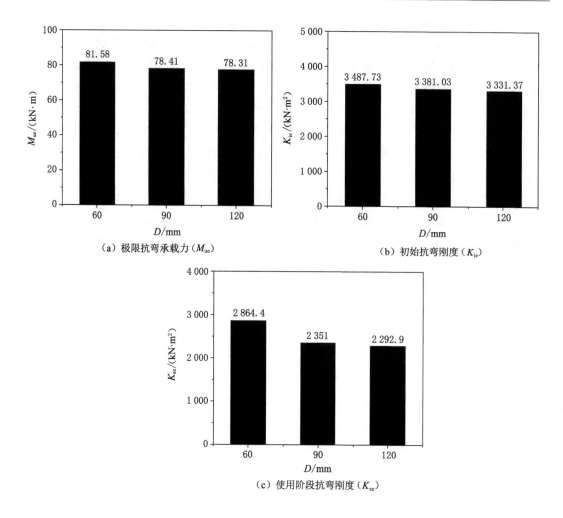

图 4-28　再生大骨料粒径(D)对构件力学性能指标的影响

（1）极限抗弯承载力

图 4-28(a)为不同再生大骨料粒径(D)情况下钢管再生大骨料自密实混凝土纯弯构件的极限抗弯承载力的柱状图。由图可知,构件 S3-R4-D9-t5($D=90$ mm)与构件 S3-R4-D6-t5($D=60$ mm)相比,极限抗弯承载力降低了 3.89%,SI 值由 1 下降到 0.961 14;构件 S3-R4-D12-t5($D=120$ mm)与构件 S3-R4-D6-t5($D=60$ mm)相比,极限抗弯承载力降低了 4.01%,SI 值由 1 下降到 0.959 92,这充分说明了再生大骨料粒径(D)和抗弯承载力是负相关的关系。此外,构件 S3-R4-D12-t5($D=120$ mm)与构件 S3-R4-D9-t5($D=90$ mm)相比,极限抗弯承载力仅降低了 0.13%,这充分说明了随着再生大骨料粒径(D)的增加,构件的极限抗弯承载力的下降速度在减缓,当再生大骨料粒径 D 为 120 mm 左右时,构件的极限抗弯承载力已基本不会发生变化。由此可知,再生大骨料粒径(D)是影响钢管再生大骨料自密实混凝土纯弯构件极限抗弯承载力(M_{ue})的参数之一,但不如钢管壁厚(t)对构件的极限抗弯承载力影响大。

（2）抗弯刚度

图 4-28(b)为不同再生大骨料粒径(D)情况下钢管再生大骨料自密实混凝土纯弯构件的初始抗弯刚度(K_{ie})的柱状图,图 2-28(c)为不同再生大骨料粒径(D)情况下钢管再生大骨料自密实混凝土纯弯构件的使用阶段抗弯刚度(K_{se})的柱状图。初始抗弯刚度(K_{ie}):构件 S3-R4-D9-t5($D=90$ mm)与构件 S3-R4-D6-t5($D=60$ mm)相比,初始抗弯刚度(K_{ie})降低了 3.06%,ISI 值由 1 降低到 0.969 41;构件 S3-R4-D12-t5($D=120$ mm)与构件 S3-R4-D6-t5($D=60$ mm)相比,初始抗弯刚度(K_{ie})降低了 4.48%,ISI 值由 1 下降到 0.955 17,这充分说明了再生大骨料粒径(D)和初始抗弯刚度(K_{ie})是负相关的关系。此外,构件 S3-R4-D12-t5($D=120$ mm)与构件 S3-R4-D9-t5($D=90$ mm)相比,初始抗弯刚度(K_{ie})仅降低了 1.47%,这充分说明了随着再生大骨料粒径(D)的增加,构件的初始抗弯刚度(K_{ie})的下降速度在减缓,当再生大骨料粒径 D 为 120 mm 左右时,构件的初始抗弯刚度(K_{ie})已变化很小。使用阶段抗弯刚度(K_{se}):构件 S3-R4-D9-t5($D=90$ mm)与构件 S3-R4-D6-t5($D=60$ mm)相比,使用阶段抗弯刚度(K_{se})降低了 17.92%,ISI 值由 1 降低到 0.820 77;构件 S3-R4-D12-t5($D=120$ mm)与构件 S3-R4-D6-t5($D=60$ mm)相比,使用阶段抗弯刚度(K_{se})降低了 19.95%,ISI 值由 1 下降到 0.800 48,这充分说明了再生大骨料粒径(D)和使用阶段抗弯刚度(K_{se})是负相关的关系。此外,构件 S3-R4-D12-t5($D=120$ mm)与构件 S3-R4-D9-t5($D=90$ mm)相比,使用阶段抗弯刚度(K_{se})仅降低了 2.47%,这充分说明了随着再生大骨料粒径(D)的增加,构件的使用阶段抗弯刚度(K_{se})的下降速度在减缓,当再生大骨料粒径 D 为 120 mm 左右时,构件的使用阶段抗弯刚度(K_{se})已变化很小。综上所述,增加再生大骨料粒径,构件的抗弯刚度的下降速度在减缓,当再生大骨料粒径 D 为 120 mm 左右时,构件的抗弯刚度已变化很小。由此可知,再生大骨料粒径(D)是影响钢管再生大骨料自密实混凝土纯弯构件抗弯刚度的参数之一,但不如钢管壁厚对构件的抗弯刚度影响大。此外,通过使用阶段抗弯刚度与初始抗弯刚度的比较,发现钢管再生大骨料自密实混凝土纯弯构件在进入非线性的弹塑性阶段后,抗弯刚度发生了退化。

4.2.8　钢管再生大骨料自密实混凝土构件与钢管自密实混凝土构件比较

为分析比较内置再生大骨料的钢管自密实混凝土构件与普通钢管自密实混凝土构件纯弯性能的变化情况,本节将从破坏特征、弯矩(M)-跨中挠度(u_m)曲线、弯矩(M)-最大纵向拉伸应变(ε)曲线、弯矩(M)-曲率(ϕ)曲线以及极限抗弯承载力等方面对比分析构件 S3-R0-D0-t5 与再生大骨料强度系列、再生大骨料粒径系列构件。钢管再生大骨料自密实混凝土纯弯构件与普通钢管自密实混凝土纯弯构件破坏形态比较见图 4-16,弯矩(M)-跨中挠度(u_m)曲线比较见图 4-29,弯矩(M)-最大纵向拉应变(ε)曲线比较见图 4-30,弯矩(M)-曲率(ϕ)曲线比较见图 4-31,以及极限抗弯承载力比较见表 4-5。

由图 4-16 可见,钢管再生大骨料自密实混凝土纯弯构件与普通钢管自密实混凝土纯弯构件破坏形态一致,即整体呈弓形形状,跨中位置挠度最大。由图 4-29 可见,钢管自密实混凝土纯弯构件与钢管再生大骨料自密实混凝土纯弯构件弯矩(M)-跨中挠度(u_m)曲线的走势基本一致;由图 4-30 可见,钢管自密实混凝土纯弯构件与再生大骨料自密实混凝

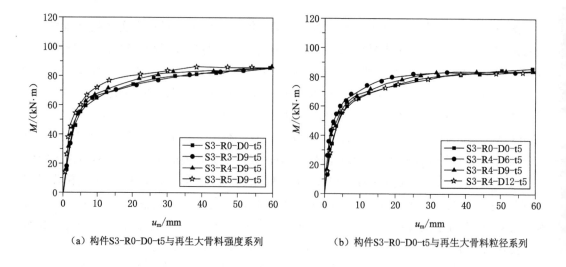

（a）构件S3-R0-D0-t5与再生大骨料强度系列　　　　（b）构件S3-R0-D0-t5与再生大骨料粒径系列

图 4-29　弯矩（M）- 跨中挠度（u_m）曲线比较

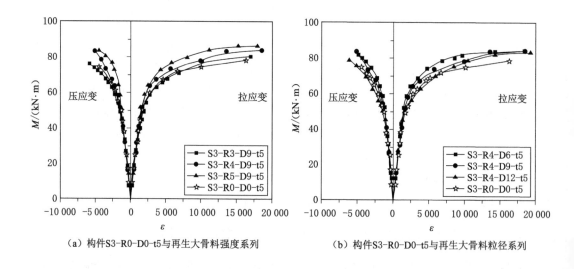

（a）构件S3-R0-D0-t5与再生大骨料强度系列　　　　（b）构件S3-R0-D0-t5与再生大骨料粒径系列

图 4-30　弯矩（M）-最大纵向拉应变（ε）曲线比较

构件弯矩（M）-最大纵向拉伸应变（ε）曲线的走势基本一致；由图 4-31 可见，钢管自密实混凝土纯弯构件与再生大骨料自密实混凝土纯弯构件弯矩（M）-曲率（ϕ）曲线的走势基本一致。由表 4-5 可知，除了构件 S3-R3-D9-t5 以外，其余相同壁厚的钢管再生大骨料自密实混凝土纯弯构件的极限抗弯承载力均高于普通钢管自密实混凝土纯弯构件。可见，钢管再生大骨料自密实混凝土构件代替普通钢管自密实混凝土构件是有发展前景的。

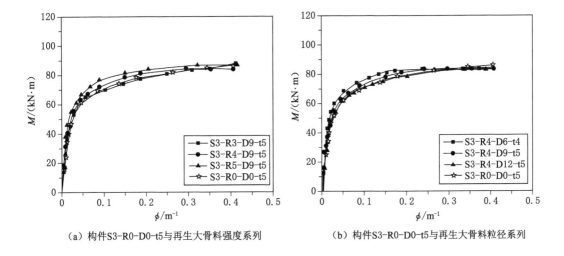

（a）构件S3-R0-D0-t5与再生大骨料强度系列　　（b）构件S3-R0-D0-t5与再生大骨料粒径系列

图 4-31　弯矩(M)- 曲率(ϕ)曲线比较

4.3　钢管再生大骨料自密实混凝土构件的纯弯承载力计算研究

4.3.1　设计规程或规范关于极限抗弯承载力的计算公式

（1）美国 AISC-LFRD(1999)规范

关于钢管普通混凝土纯弯构件极限抗弯承载力的计算，美国 AISC-LFRD(1999)规范不考虑混凝土对承载力的作用，仅仅考虑钢管的贡献。计算公式如下：

$$M_u = zf_y \tag{4-7}$$

式中　M_u——构件的极限抗弯承载力；

　　　Z——钢管截面的塑性抵抗矩，$Z = dA_s/\pi$，d 为钢管的外直径，A_s 为钢管截面积；

　　　f_y——钢材的实测屈服强度。

（2）欧洲 EC4(1994)规范

关于钢管普通混凝土纯弯构件极限抗弯承载力的计算，欧洲 EC4(1994)规范中的计算公式如下：

$$M_u = f_y[A_s(d - 2t - d_c)/2 + dt(t + d_c)] \tag{4-8}$$

式中　M_u——构件的极限抗弯承载力；

　　　f_y——钢材的实测屈服强度；

　　　A_s——钢管截面积；

　　　d——钢管的外直径；

　　　t——钢管壁厚；

　　　d_c——中和轴与受压区边缘的距离，$d_c = \dfrac{A_s - 2dt}{(d - 2t)\rho + 4t}$，$\rho = 0.6f_c/f_y$。

f_c——棱柱体抗压强度。

（3）日本 AIJ(1997)规范

关于钢管普通混凝土纯弯构件极限抗弯承载力的计算，日本 AIJ(1997)规范中的计算公式与美国 AISC-LFRD(1999)规范类似，计算公式如下：

$$M_u = Z f_y \tag{4-9}$$

（4）我国的规范 GB 50936—2014[66]

关于钢管普通混凝土纯弯构件极限抗弯承载力的计算，我国的规范 GB 50936—2014 同时考虑了核心混凝土、外钢管以及两者间的相互作用对极限抗弯承载力的作用。计算公式如下：

$$M_u = \gamma_m W_{sc} f_{sc} \tag{4-10}$$

$$\gamma_m = -0.438\xi + 1.926\sqrt{\xi} \tag{4-11}$$

$$f_{sc} = (1.212 + B\xi + C\xi^2) f_c \tag{4-12}$$

$$\xi = \frac{A_s f_y}{A_c f_c}$$

$$C = 0.104 f_c / 14.4 + 0.031$$

式中　M_u——构件的极限抗弯承载力；

　　　γ_m——极限抗弯承载力的计算系数；

　　　ξ——约束效应系数；

　　　A_s——钢管截面积；

　　　A_c——核心混凝土截面积；

　　　f_y——钢材的实测屈服强度；

　　　f_c——棱柱体抗压强度；

　　　W_{sc}——构件截面抗弯模量，$W_{sc} = \pi d^3 / 32$，d 为钢管的外直径；

　　　f_{sc}——钢管混凝土构件轴压强度指标，$B = 0.17 f_y / 213 + 0.974$。

（5）福建省 DBJ/T 13-51-2020 规范[67]

关于圆钢管普通混凝土纯弯构件极限抗弯承载力的计算，福建省 DBJ/T 13-51-2020 规范中的计算公式如下：

$$M_u = \gamma_m W_{scm} f_{scy} \tag{4-13}$$

$$\gamma_m = 1.1 + 0.48\ln(\xi + 0.1)（圆钢管混凝土） \tag{4-14}$$

$$f_{scy} = (1.14 + 1.02\xi) f_c（圆钢管混凝土） \tag{4-15}$$

$$\xi = \frac{A_s f_y}{A_c f_c}$$

式中　M_u——构件的极限抗弯承载力；

　　　γ_m——极限抗弯承载力的计算系数；

　　　ξ——约束效应系数；

　　　A_s——钢管截面积；

　　　A_c——核心混凝土截面积；

f_y——钢材的实测屈服强度；

f_c——棱柱体抗压强度；

W_{scm}——构件截面抗弯模量，$W_{scm}=\pi d^3/32$，d 为钢管的外直径；

f_{scy}——钢管混凝土构件轴压强度指标。

表 4-7 为根据上述五个规范的计算公式得到的 7 根钢管再生大骨料自密实混凝土构件的计算结果与试验值的对比，表中，M_c 表示公式值，M_{ue} 表示试验值。

表 4-7　构件抗弯承载力实测值与计算值对照

编号	M_{ue} /(kN·m)	AISC-LFRD(1999)		EC4(1994)		DBJ/T 13-51-2020		GB 50936—2014	
		$M_c/$ (kN·m)	M_c/M_{ue}	$M_c/$ (kN·m)	M_c/M_{ue}	$M_c/$ (kN·m)	M_c/M_{ue}	$M_c/$ (kN·m)	M_c/M_{ue}
S3-R4-D9-t4	69.30	52.84	0.76	76.03	1.10	55.88	0.81	76.91	1.11
S3-R4-D9-t5	78.41	61.03	0.78	86.98	1.11	69.43	0.82	86.10	1.10
S3-R4-D9-t6	90.93	68.21	0.75	96.37	1.06	72.42	0.80	93.97	1.03
S3-R4-D6-t5	81.58	61.03	0.75	86.99	1.07	64.48	0.79	86.19	1.06
S3-R4-D12-t5	78.31	61.03	0.78	86.96	1.11	64.37	0.82	86.02	1.10
S3-R3-D9-t5	77.62	61.03	0.79	86.79	1.12	63.71	0.82	84.96	1.09
S3-R5-D9-t5	81.08	61.03	0.75	87.14	1.07	65.11	0.80	87.18	1.08
μ	—	—	0.77	—	1.09	—	0.81	—	1.08
σ	—	—	0.016	—	0.022	—	0.012	—	0.025

由表 4-7 可知，计算结果与试验值的吻合较为理想，美国 AISC-LFRD(1999)规范、福建省 DBJ/T 13-51-2020 规范的计算结果低于试验值，欧洲 EC4(1994)规范和我国的规范 GB 50936—2014 的计算结果高于试验值，这说明美国 AISC-LFRD(1999)规范、福建省 DBJ/T 13-51-2020 规范对钢管再生大骨料自密实混凝土纯弯构件的承载力计算更加安全，欧洲EC4(1994)规范和我国的规范 GB 50936—2014 与试验值吻合度最佳。其中，我国的规范 GB 50936—2014 计算值均值 $\mu=1.08$，与试验值最为接近，但标准差 $\sigma=0.025$，与美国 AISC-LFRD(1999)规范福建省 DBJ/T 13-51-2020 规范相比，标准差 σ 偏大，说明我国的规范 GB 50936—2014 计算值与均值 μ 的差距较大，数据的分散程度较大，并且其计算结果高于试验值。经过综合考虑，建议选择福建省 DBJ/T 13-51-2020 规范作为钢管再生大骨料自密实混凝土纯弯构件极限抗弯承载力的计算公式，但由数据可知，福建省 DBJ/T 13-51-2020 规范作为钢管再生大骨料自密实混凝土纯弯构件极限抗弯承载力的计算公式，存在误差，因此，在此基础上作进一步的更正是有必要的。

4.3.2　纯弯公式的探究

（1）公式推导

参考福建省 DBJ/T 13-51-2020 规范，钢管再生大骨料自密实混凝土构件的纯弯公式如下：

$$M_u = \gamma_m W_{scm} f_{scy} \tag{4-16}$$

$$\xi = \frac{A_s f_y}{A_c f_c}$$

式中　M_u——钢管再生大骨料自密实混凝土构件的极限抗弯承载力；

　　　　γ_m——极限抗弯承载力的计算系数；

　　　　W_{scm}——构件截面抗弯模量，$W_{scm} = \pi d^3/32$；

　　　　f_{scy}——钢管混凝土构件轴压强度指标，参考课题组的研究成果，取 $f_{scy} = (1.5 + 1.02\xi) f_c$；

　　　　ξ——约束效应系数；

　　　　A_s——钢管截面积；

　　　　A_c——核心混凝土截面积；

　　　　f_y——钢材的实测屈服强度；

　　　　f_c——棱柱体抗压强度；

　　　　d——钢管的外直径。

式(4-17)中，定义构件的极限抗弯承载力的计算系数 $\gamma_m = M_u/(W_{scm} f_{scy})$，极限抗弯承载力 M_u 的确定与前文 M_{ue} 相同，γ_m 与 ξ 的数据列于表4-8。通过对数据进行拟合，发现 γ_m 与 ξ 的关系如图4-32所示。

表4-8　极限抗弯承载力的计算系数 γ_m 与约束效应系数 ξ

编号	$M_u/(kN \cdot m)$	$W_{scm}/(mm^3)$	f_{scy}/MPa	γ_m	ξ
S3-R4-D9-t4	69.30	785 398	73.07	1.208	0.981
S3-R4-D9-t5	78.41	785 398	78.32	1.275	1.157
S3-R4-D9-t6	90.93	785 398	83.20	1.392	1.321
S3-R4-D6-t5	81.58	785 398	78.60	1.321	1.150
S3-R4-D12-t5	78.31	785 398	78.03	1.278	1.165
S3-R3-D9-t5	77.62	785 398	74.37	1.329	1.272
S3-R5-D9-t5	81.08	785 398	81.94	1.260	1.069

由图4-32可知，钢管再生大骨料自密实混凝土纯弯构件的极限抗弯承载力的计算系数 γ_m 的表达式如下：

$$\gamma_m = 0.548\ 3\ln \xi + 1.215\ 8 \tag{4-17}$$

（2）公式验证

通过上一节得到的钢管再生大骨料自密实混凝土构件的极限抗弯承载力公式(4-16)和公式(4-17)，将7根钢管再生大骨料自密实混凝土纯弯构件的实测数据代入公式(4-16)和公式(4-17)，将所得到的公式值与试验值列于表4-9。其中，M_u 为通过公式计算的结果，M_{ue} 为通过试验得出的结果。由表4-9可知，公式(4-16)和公式(4-17)的计算结果与试验值吻合

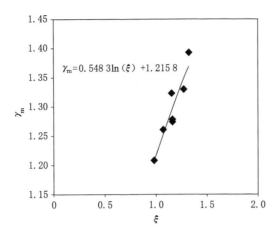

图 4-32　γ_m-ξ 曲线

度非常好,计算值均值 $\mu=1.00$,标准差 $\sigma=0.015$,数据的分散性小。因此,公式(4-16)和公式(4-17)完全可以用来计算钢管再生大骨料自密实混凝土构件的极限抗弯承载力。

表 4-9　试验值与公式值比较

编号	M_{ue}/(kN·m)	W_{scm}/(mm³)	f_{scy}/(N/mm²)	γ_m	M_u/(kN·m)	M_{ue}/M_u
S3-R4-D9-t4	69.30	785 398	73.07	1.205 391	69.17	1.00
S3-R4-D9-t5	78.41	7853 98	78.32	1.295 911	79.71	0.98
S3-R4-D9-t6	90.93	7853 98	83.20	1.368 459	89.42	1.02
S3-R4-D6-t5	81.58	785 398	78.60	1.292 357	79.78	1.02
S3-R4-D12-t5	78.31	785 398	78.03	1.299 488	79.64	0.98
S3-R3-D9-t5	77.62	785 398	74.37	1.347 728	78.72	0.99
S3-R5-D9-t5	81.08	785 398	81.94	1.252 364	80.60	1.01
μ	—	—	—	—	—	1.00
σ	—	—	—	—	—	0.015

4.4　钢管再生大骨料自密实混凝土纯弯构件有限元分析

4.4.1　材料本构模型

（1）钢材本构

对于实际建筑工程中经常选用的低碳钢 Q235,在有限元模型中的本构关系模型参考文献[68],选择图 4-33 中的弹塑性模型,此模型符合钢材 Von-Mises 屈服准则的要求,通常包括弹性部分(oa)、弹塑性部分(ab)、塑性部分(bc)、强化部分(cd)以及二次塑流部分(de)五个部分。其中,钢材的真实应力-应变曲线用虚线来表示,等效的应力-应变曲线用实线来表示,f_p、f_y、f_u分别定义为钢材的弹性比例极限、条件屈服极限和强度极限。本章采用等效应力-应变曲线作为再生大骨料钢管自密实混凝土纯弯构件有限元模型中的本构关系模型,其本构关系的表达式如下:

$$\sigma = \begin{cases} E_s\varepsilon & \varepsilon \leqslant \varepsilon_e \\ -A\varepsilon^2 + B\varepsilon + C & \varepsilon_e < \varepsilon \leqslant \varepsilon_{e1} \\ f_y & \varepsilon_{e1} < \varepsilon \leqslant \varepsilon_{e2} \\ f_y[1+0.6(\varepsilon-\varepsilon_{e2})/(\varepsilon_{e3}-\varepsilon_{e2})] & \varepsilon_{e2} < \varepsilon \leqslant \varepsilon_{e3} \\ 1.6f_y & \varepsilon > \varepsilon_{e3} \end{cases} \tag{4-18}$$

式中 $\varepsilon_e = 0.8f_y/E_s$,$\varepsilon_{e1}=1.5\varepsilon_e$,$\varepsilon_{e2}=10\varepsilon_{e1}$,$\varepsilon_{e3}=100\varepsilon_{e1}$

$A=0.2f_y/(\varepsilon_{e1}-\varepsilon_e)^2$,$B=2A\varepsilon_{e1}$,$C=0.8f_y+A\varepsilon_e^2-B\varepsilon_e$

其中,E_s表示钢材的弹性模量。

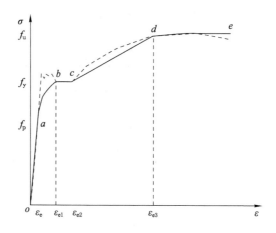

图 4-33 低碳钢应力-应变曲线

在有限元软件 ABAQUS 模型建立的过程中,钢材的属性部分导入钢材的本构关系模型时要注意:线性部分的本构关系通过弹性模量和泊松比来表达,弹性模量和泊松比选用钢材拉伸试验的实测值;非线性部分的本构关系通过真实应力 σ_{ture} 和塑性应变 ε_{pl} 来表达[σ_{ture}和ε_{pl}由上式(4-18)得到的名义应力 σ 和名义应变 ε 转变而成],其换算公式如下:

$$\varepsilon_{ture} = \ln(1+\varepsilon) \tag{4-19}$$

$$\sigma_{ture} = \sigma(1+\varepsilon) \tag{4-20}$$

$$\varepsilon_{pl} = |\varepsilon_{true}| - |\varepsilon_{el}| = |\varepsilon_{true}| - \frac{|\sigma_{true}|}{E_s} \tag{4-21}$$

对于钢管再生大骨料自密实混凝土纯弯构件两端的盖板,由于盖板的厚度较大,所以可遵循“刚体原则”,把弹性模量假设成 1×10^{12} MPa,泊松比假设成 0.000 1。

(2)核心混凝土本构

　　核心混凝土在有限元模型中的本构关系模型选用混凝土塑性损伤模型,该模型认为混凝土破坏是拉力作用下的开裂破坏和压力作用下的压碎破坏,故核心混凝土的本构关系包含两个方面:受拉本构关系和受压本构关系。

　　核心混凝土与普通混凝土的相同点是本身具有不均匀性,不同点是两者的受力特点不同,在核心混凝土单轴受压前期,核心混凝土与普通混凝土一样,处在单方向应力状态,而在核心混凝土单轴受压后期,核心混凝土被钢管束缚,使得核心混凝土由单方向应力状态转变为三维应力状态,增强了混凝土的承压能力。因此,核心混凝土单轴受压本构关系需要考虑核心混凝土的受力特点。本章核心混凝土单轴受压本构关系选用韩林海[27]本构模型,韩林海研究了国内国外大量钢管混凝土构件的轴压试验结果,发现核心混凝土单轴受压本构关系主要与混凝土强度和约束效应系数 ξ 有关。在上述结论的基础上,总结出了适合核心混凝土在有限元模型中的单轴受压本构关系即应力(σ_c)-应变(ε_c)关系,其表达式如下:

$$y = \begin{cases} 2x - x^2 & x \leqslant 1 \\ \dfrac{x}{\beta(x-1)^n + x} & x > 1 \end{cases} \tag{4-22}$$

式中
$$x = \frac{\varepsilon_c}{\varepsilon_0}, \quad y = \frac{\sigma_c}{\sigma}$$

$$\sigma_0 = f'_c = \begin{cases} 0.81 f_{cu} & \text{核心混凝土为自密实混凝土} \\ 0.65 f_{cu,com} & \text{核心混凝土为再生大骨料自密实混凝土} \end{cases}$$

$$\varepsilon_0 = \varepsilon_{cc} + 800 \times \xi^{0.2} \times 10^{-6}; \varepsilon_{cc} = (1\,300 + 12.5 f'_c) \times 10^{-6}$$

$$\eta = \begin{cases} 2 & \text{圆混凝土} \\ 1.6 + 1.5/x & \text{矩形钢管混凝土} \end{cases}$$

$$\beta = \begin{cases} (2.36 \times 10^{-5})^{[0.25+(\zeta-0.5^7)]} \times (f'_c)^{0.5} \geqslant 0.12 & \text{圆混凝土} \\ \dfrac{(f'_c)^{0.1}}{1.2\sqrt{1+\xi}} & \text{矩形钢管混凝土} \end{cases}$$

$$f_c = 0.76 \times f_{cu}$$

$$\xi = \frac{A_s f_y}{A_c f_c}$$

上述式子中,σ_0 为混凝土的最大应力,ε_0 为混凝土达到最大应力时所对应的应变,f'_c 为混凝土圆柱体轴心抗压强度,f_c 为混凝土棱柱体轴心抗压强度,A_s、A_c 分别表示钢管的横截面面积和混凝土的横截面面积。

　　在 ABAQUS 有限元软件中材料属性部分输入核心混凝土的本构关系模型时需要注意:核心混凝土的弹性模型用弹性模量和泊松比来表示,弹性模量和泊松比参照本课题组的试验结果,其公式见式(4-23)和式(4-24);混凝土塑性损伤模型有关数据如下:扩张角30°,离心量0.1,双轴压缩与单轴压缩承载力极限比 1.2,k 设为 0.667,黏滞系数0.002。受压行为中需要将核心混凝土非弹性阶段中的应力-应变数据换算成屈服应力(σ_c)-非弹性应变(ε_c^{in})数据,其换算公式见式(4-25)。受拉行为中,选择屈服应力-断裂能关系模型对其进行描述,断裂能均取 100 N/m,屈服应力 $\sigma_{10}=0.1f'_c$。

$$E_c = \begin{cases} 0.85\,\dfrac{10^2}{2.2+\dfrac{34.7}{f_{cu}}} & \text{核心混凝土为自密实混凝土} \\[4mm] \dfrac{10^5}{2.4+\dfrac{38}{f_{cu}}} & \text{核心混凝土为再生大骨料自密实混凝土} \end{cases} \qquad (4\text{-}23)$$

$$\mu_c = \begin{cases} 0.2 & \text{核心混凝土为自密实混凝土} \\ (0.316\,3-0.000\,3D)(0.322\,2-0.000\,9f_{cu,old})(0.352\,2-0.001\,8f_{cu,new})12.042-0.008\,5 \\ \qquad\qquad\qquad\qquad \text{核心混凝土为再生大骨料自密实混凝土} \end{cases}$$
$$(4\text{-}24)$$

$$\varepsilon_c^{in} = \varepsilon_c - \varepsilon_c^{el} = \varepsilon_c - \sigma_c/E_c \qquad (4\text{-}25)$$

4.4.2　建立有限元模型

4.4.2.1　单元类型选取

ABAQUS 有限元软件元素库包含丰富多样的元素,一共有 433 多种,被划分为 8 类(实体、壳单元等)。解决问题的求解精度和计算时间将对单元类型的选取产生直接的影响,本章在对所研究的内容充分认识之后,选择模拟结果准确性高的实体单元。实体单元包括线性完全积分单元、二次完全积分单元、线性减缩积分单元、二次减缩积分单元、非协调模式单元、Tri 单元和 Tet 单元以及杂交单元,因为线性减缩积分单元具有位移求解精度高、不易发生剪切自锁以及对网格扭曲变形时的计算精度影响小等优点,因此本章钢管、再生大骨料自密实混凝土、盖板统一选取八节点六面体线性减缩积分格式的三维实体单元(C3D8R)。

4.4.2.2　网格划分

由于在 Assembly 功能模块中创建的是 dependent 实体,所以划分网格的对象是之前创建的各部件实例。为较好地操纵单元的松密程度和所处的方位,在部署种子之前,首先对钢管、再生大骨料自密实混凝土和盖板进行分割,使其变成几个简单的区域。本章有限元模型通过设定边上的单元大小进行布种。对于单元尺寸的确定通过网格试验选取合适的单元尺寸,单元尺寸的选定标准是既要保证模型计算结果的准确又要使其计算时间较短。钢管网格试验步骤如下:首先按照经验进行划分,假定单元尺寸为 30,得到第一次试算的模拟结果;然后按照 0.5 倍的单元尺寸进行试算,得到第二次试算的模拟结果。将两次试算模拟的结果进行对比,若两次试算结果差距很小,则证明此单元尺寸是合适的,反之,若两次试算结果差距较大,则应继续细化单元尺寸。经过试算,钢管的单元尺寸定为 30。在接触分析中,再生大骨料自密实混凝土为从面,钢管为主面,为防止从面上的节点穿透主面导致计算不收敛,应保证再生大骨料自密实混凝土的单元尺寸不小于钢管,因此选定再生大骨料自密实混凝土的单元尺寸与钢管相同,此外,因为盖板为次要部件,所以将其单元尺寸定为 40。盖板、再生大骨料自密实混凝土、钢管的网格划分情况如图 4-34 所示。

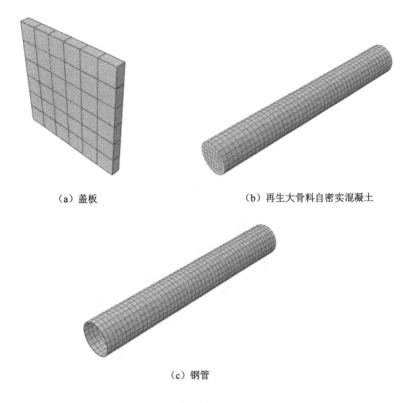

（a）盖板　　　　　　　　　　（b）再生大骨料自密实混凝土

（c）钢管

图 4-34　各部件的网格划分

4.4.2.3　钢管、再生大骨料自密实混凝土及盖板间的接触模型

在 ABAQUS 有限元模拟的过程中,钢管、再生大骨料自密实混凝土和盖板两两间存在相互作用,为保证有限元模拟结果的准确性,我们需要合理地设定钢管、再生大骨料自密实混凝土和盖板两两间的接触模型。在 ABAQUS 接触分析中,使用接触对算法来模拟接触问题,接触对算法需定义接触面即主面和从面,通常情况下,定义网格较粗略、刚度较大的面为主面。一般情况下,由限定滑动和小滑动两个触碰定理来定义触碰面的相对滑动,考虑到限定滑动的运算代价高于小滑动,所以选用小滑动触碰定理。小滑动包含点对面和面对面两种计算方法,由于点对面计算方法的准确性低于面对面计算方法的准确性,所以选用面对面计算方法。

（1）钢管和再生大骨料自密实混凝土间的接触模型

按照主从面的定义标准,定义钢管内侧表面为主面,与之接触的再生大骨料自密实混凝土为从面。钢管和再生大骨料自密实混凝土间的接触模型由界面间的法向作用和切向作用来描述。对于法向作用,采用"硬接触"模型定义,其含义为:在界面间,接触压力可以完全传递;当触碰压缩作用力不是正的时候,两个触碰面拆开。关于切向作用,采用库仑摩擦模型定义,如图 4-35 所示,即通过摩擦系数 μ 来描述界面间的摩擦特性,本章引用文献[69-70]的结果,取摩擦系数 μ 为 0.6,库仑摩擦模型含义为:界面间的剪应力 τ 达到临界切应力 τ_{crit} 之前,接触面之间不会发生滑动,临界切应力 τ_{crit} 与法向接触压强 P 呈正相关,且不低于平均黏结力 τ_{bond},其表达式如下:

$$\tau_{\text{crit}} = \mu \times P \geqslant \tau_{\text{bond}} \qquad (4\text{-}26)$$

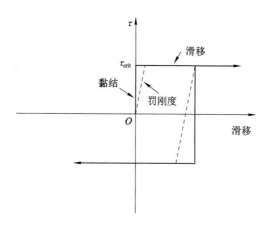

图 4-35　库仑摩擦模型

（2）盖板和再生大骨料自密实混凝土间的接触模型

同理，按照主从面的定义标准，定义盖板与再生大骨料自密实混凝土接触的一面为主面，相应的再生大骨料自密实混凝土接触面为从面。盖板和再生大骨料自密实混凝土间的接触模型仅由界面间的法向作用来描述，忽略切向作用。对于法向作用同上。

（3）盖板和钢管间的接触模型

同理，按照主从面的定义标准，定义盖板与钢管接触的一面为主面，相应的钢管接触面为从面。由于这一对主从面在整个受力的过程中始终紧密接触，因此盖板和钢管间的接触模型可以定义为 tie 约束，简化了建模和分析过程。

4.4.2.4　边界条件

构件支座处钢管下部的边界条件设为一端固定一端铰接，图 4-36 所示为钢管再生大骨料自密实混凝土构件模型的边界条件示意图。其中，RP-3 限制 x、y、z 方向的位移，限制构件绕 y、z 的转动，即 U1＝U2＝U3＝0，UR2＝UR3＝0。RP-4 限制 y、z 方向的位移，限制构件绕 y、z 的转动，即 U2＝U3＝0，UR2＝UR3＝0。本章采用通过位移施加荷载的方式来模拟试验中的加载制度，在构件三分点钢管上表面处沿 y 方向施加－52 mm 位移，即

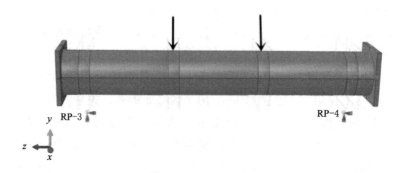

图 4-36　模型的边界条件

U1＝0,U2＝−52,UR2＝UR3＝0。

4.4.3　模拟结果与试验结果比较

（1）破坏形态比较

根据上节的建模方法,对上一章节中 8 根钢管再生大骨料自密实混凝土试验试件进行了有限元模拟,将由实测的钢材和核心混凝土的材料力学性能参数构成的材料本构关系导入模型中,经过反复调整,最终得到 8 根钢管再生大骨料自密实混凝土构件的纯弯模拟结果。图 4-37 所示为有限元模拟中 8 个钢管再生大骨料自密实混凝土构件的破坏形态与试验试件的比较。由图可见,模拟的破坏形态均表现出典型的弯曲形态即整体呈弓形形状,跨中位置挠度最大,与对应的试验试件的破坏形态相同。因此上节的建模方法可较好地模拟试验试件的破坏形态。

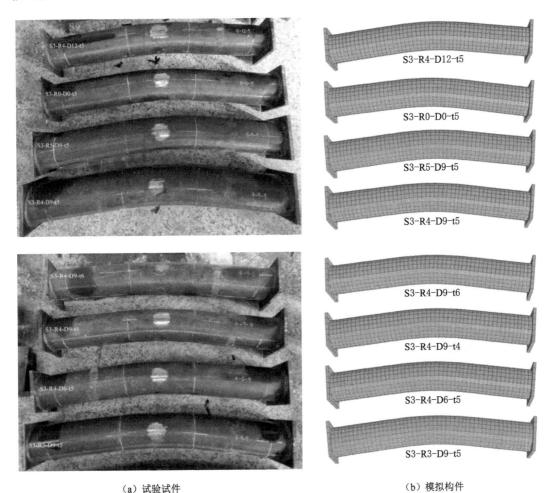

（a）试验试件　　　　　　　　　　　　　　（b）模拟构件

图 4-37　模拟与试验破坏形态对比

（2）弯矩-变形曲线比较

图 4-38 所示为通过有限元模拟得到的钢管再生大骨料自密实混凝土纯弯构件的弯矩

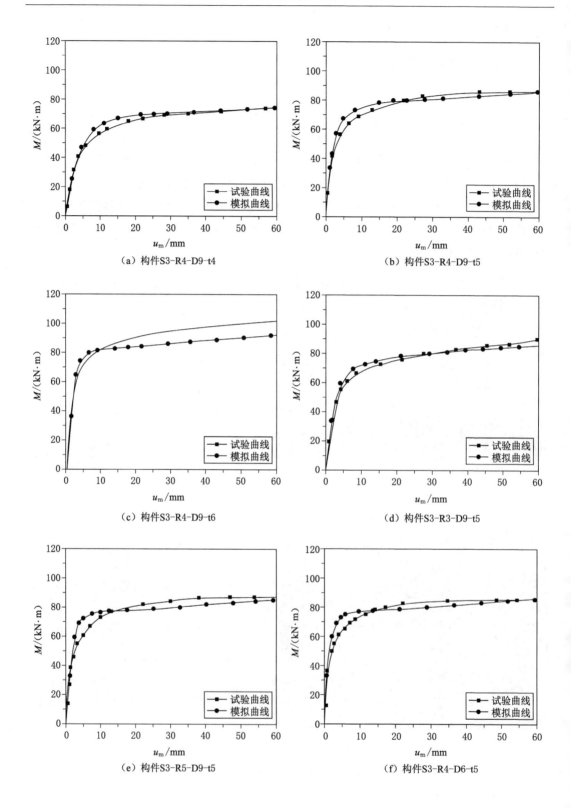

图 4-38　试验与模拟的 M-u_m 曲线比较

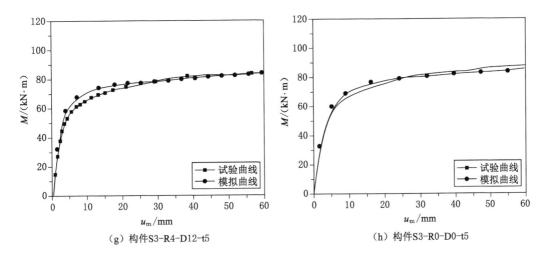

（g）构件S3-R4-D12-t5　　　　　　　（h）构件S3-R0-D0-t5

图 4-38　（续）

（M）-跨中挠度（u_m）曲线和通过试验实测的钢管再生大骨料自密实混凝土纯弯构件的弯矩（M）-跨中挠度（u_m）曲线的比较图。由图 4-38 可知，弯矩（M）-跨中挠度（u_m）实测曲线和通过有限元模拟得到的弯矩（M）-跨中挠度（u_m）曲线从整体上来说契合度较高，走势基本一致。在曲线线性部分，模拟曲线的角系数略大于试验曲线，说明初始抗弯刚度前者略大于后者；弹塑性阶段，模拟曲线和试验曲线走势基本一致；塑性强化阶段，模拟曲线与试验曲线均未表现出下落的趋势。可见，从钢管再生大骨料自密实混凝土纯弯构件的弯矩-变形曲线来说，模拟结果与试验结果匹配度较高。

（3）极限抗弯承载力比较

为了定量分析钢管再生大骨料自密实混凝土纯弯构件模拟结果与试验结果的一致性，表 4-10 中列出了钢管再生大骨料自密实混凝土纯弯构件极限抗弯承载力试验值 M_{ue} 和模拟值 $M_{ue,s}$。从表 4-10 可见，钢管再生大骨料自密实混凝土纯弯构件极限抗弯承载力模拟值 $M_{ue,s}$ 和试验值 M_{ue} 的比值在 0.90～1.00 之间，极限抗弯承载力模拟值与试验值最大差值为 9.23 kN·m，最小差值为 0.22 kN·m，且模拟值与试验值的最大差值误差为 10%，图 4-39 更加直观地表达了构件极限抗弯承载力试验值 M_{ue} 和模拟值 $M_{ue,s}$ 的误差范围。可见，钢管再生大骨料自密实混凝土纯弯构件极限抗弯承载力试验值 M_{ue} 和模拟值 $M_{ue,s}$ 吻合较好。

表 4-10　构件极限抗弯承载力试验值与模拟值比较

序号	编号	试验值 M_{ue}/(kN·m)	模拟值 $M_{ue,s}$/(kN·m)	$M_{ue,s}/M_{ue}$
1	S3-R0-D0-t5	74.69	74.91	1.00
2	S3-R4-D9-t4	69.30	68.65	0.99
3	S3-R4-D9-t5	78.41	75.05	0.96
4	S3-R4-D9-t6	90.93	81.70	0.90

表 4-10(续)

序号	编号	试验值 M_{ue}/(kN·m)	模拟值 $M_{ue,s}$/(kN·m)	$M_{ue,s}/M_{ue}$
5	S3-R4-D6-t5	81.58	74.98	0.92
6	S3-R4-D12-t5	78.31	74.83	0.96
7	S3-R3-D9-t5	72.32	74.36	0.96
8	S3-R5-D9-t5	84.17	75.57	0.93

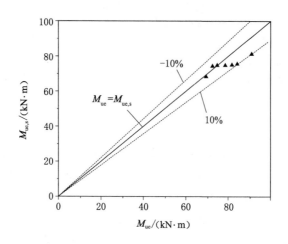

图 4-39　构件极限抗弯承载力试验值和模拟值的误差范围

以上列出了钢管再生大骨料自密实混凝土纯弯构件在破坏形态、弯矩-变形曲线以及极限抗弯承载力三个方面的模拟结果与试验结果的比较,通过这三个方面的比较分析可以发现:钢管再生大骨料自密实混凝土纯弯构件的模拟结果可以较好地反映试验结果,两者表现出较高的一致性。

4.4.4　应力云图的分析

通过上一节的比较分析,可以知道有限元模拟的结果与试验的结果基本是一致的,有限元模拟基本反映了钢管再生大骨料自密实混凝土纯弯构件在试验中的受力过程,特别是典型构件 S3-R3-D9-t5,无论是破坏形态、弯矩-变形曲线还是极限抗弯承载力,模拟结果与试验结果高度一致。本节在有限元模拟的基础上,对上一章中典型的试验试件 S3-R3-D9-t5 在受力过程中的应力云图进行分析。图 4-40 所示为对应于图 4-18 中典型构件 S3-R3-D9-t5 弯矩(M)-跨中挠度(u_m)曲线 A、B、C 三个特征点的典型构件 S3-R3-D9-t5 的核心混凝土纵向应力分布图,图 4-41 所示分别对应于图 4-40 中 S3-R3-D9-t5 构件中的核心混凝土中部截面纵向应力图,其中,黑色虚线表示中性轴。

A 点:中性轴偏离混凝土截面形心轴约 17 mm,以中性轴为界,中性轴上部,混凝土承受压缩作用力,中性轴下部,混凝土承受拉伸作用力(拉为正,压为负)。由图 4-41 可知,a1、b1 点的混凝土纵向应力为 -16 MPa、4 MPa 左右。

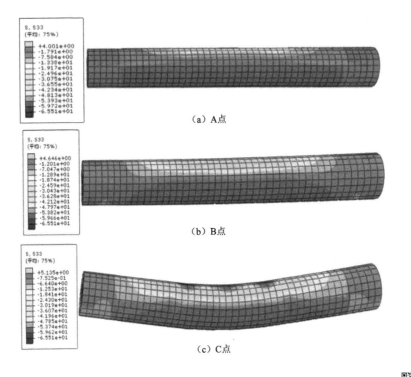

（a）A点

（b）B点

（c）C点

图 4-40　混凝土纵向应力图

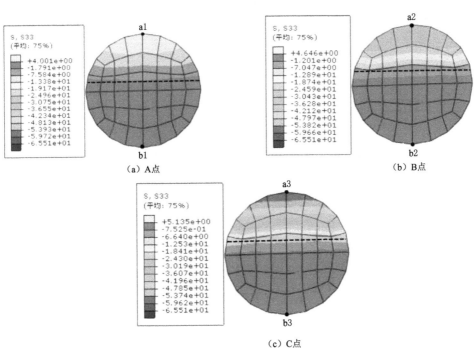

（a）A点　　　　　　　　　　　　　（b）B点

（c）C点

图 4-41　跨中截面混凝土纵向应力图

B点：中性轴偏离混凝土截面形心轴约 22 mm，与 OA 阶段相比，AB 阶段中性轴上升速度变慢，同样，以中性轴为界，中性轴上部，混凝土承受压缩作用力，中性轴下部，混凝土承受拉伸作用力（拉为正，压为负），混凝土承受拉力部分随中性轴的上移也逐渐扩大，此外，受压区混凝土应力不断向混凝土两端扩展。由图 4-41 可知，a2、b2 点的混凝土纵向应力为 −36 MPa、4.65 MPa 左右，与 OA 阶段相比，AB 阶段受压区混凝土应力以 2 倍多的速度大幅度提高，这是因为受压区混凝土位于线性弹性阶段；而受拉区混凝土应力略微增大，这是因为在此阶段混凝土应力已接近混凝土抗拉强度的最大值，受拉区混凝土作用甚微，混凝土已几乎全部退出工作。

C点：中性轴偏离混凝土截面形心轴约 22 mm，与 AB 阶段相比，BC 阶段中性轴基本没有变化。由图 4-41 可知，a3、b3 点的混凝土应力为 −65 MPa、5 MPa 左右，与 AB 阶段相比，BC 阶段混凝土承受压力的部分应力增长速度变慢，这是因为混凝土承受压力的部分位于非线性阶段，并接近极限抗压强度；而受拉区混凝土应力变化略微，可忽略不计。

图 4-42 所示为对应于图 4-18 中典型构件 S3-R3-D9-t5 弯矩（M）-跨中挠度（u_m）曲线 A、B、C 三个特征点的典型构件 S3-R3-D9-t5 的钢管 Mises 应力分布图，从整体来说，三分点加载点之间应力较大。

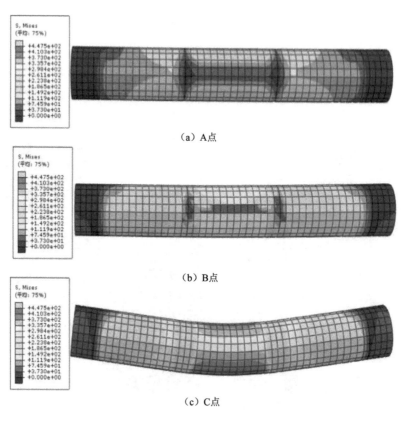

（a）A点

（b）B点

（c）C点

图 4-42　钢管 *Mises* 应力分布图

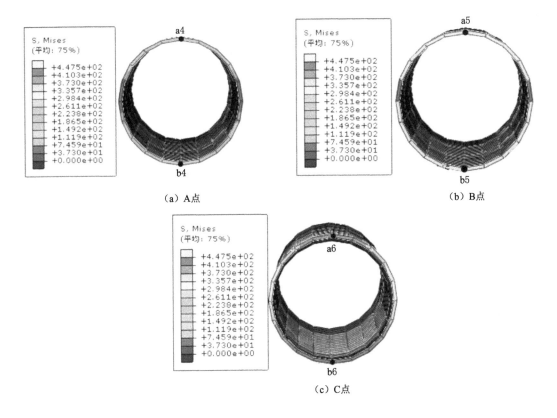

（a）A点　　　　　　　　　　　　（b）B点

（c）C点

图 4-43　跨中截面钢管 *Mises* 应力分布图

A 点：由图 4-43（a）可知，a4、b4 点的钢管 Mises 应力分别为 250 MPa、300 MPa 左右，受拉区钢管 Mises 应力接近钢材的屈服强度 313 MPa，这说明受拉区钢管即将进入屈服阶段；受压区钢管 Mises 应力低于受拉区钢管 Mises 应力，这是因为承受拉力部分的混凝土由于开裂撤出工作，承受拉力部分的钢管承担的应力随之增大，而在试件承受压力部分，应力由混凝土和钢管一起分担。

B 点：由图 4-43（b）可知，a5、b5 点的钢管 Mises 应力为 300 MPa、336 MPa 左右，受压区钢管 Mises 应力接近钢材的屈服强度 313 MPa，这说明受压区钢管即将进入屈服阶段；与 A 点相比，B 点受压区钢管 Mises 应力上升。

C 点：由图 4-43（c）可知，a6、b6 点的钢管 Mises 应力为 390 MPa、448 MPa 左右，此时，钢管已经发生了大变形。

4.5　本章小结

本章主要介绍了钢管再生大骨料自密实混凝土纯弯构件的试验研究、承载力计算研究及有限元模拟研究。通过计算对比分析得到的结论统计如下：

① 钢管再生大骨料自密实混凝土纯弯构件表现出较好的塑性,其破坏形态呈弓形,挠曲线和正弦半波曲线几乎重叠,钢管再生大骨料自密实混凝土试件和钢管自密实混凝土试件试验破坏后的破坏形态相同。从弯矩(M)-跨中挠度(u_m)曲线可知,所有试件的受力过程包括:线弹性部分、非线性弹塑性部分以及塑性强化部分。钢管再生大骨料自密实混凝土纯弯构件的抗弯刚度和抗弯承载力受钢管壁厚影响显著,随着钢管壁厚的增加,构件的抗弯刚度和抗弯承载力均得到显著提高且增长速度均呈线性增长。钢管再生大骨料自密实混凝土纯弯构件的抗弯刚度和抗弯承载力受再生大骨料强度影响较小。随着再生大骨料强度的增加,构件的极限抗弯承载力得到提高且增长速度也在提高,抗弯刚度与钢管壁厚的变化规律同抗弯承载力。

② 对于钢管再生大骨料自密实混凝土构件极限抗弯承载力,美国标准 AISC-LFRD(1999)、欧洲标准 EC4(1994)、日本标准 AIJ(1997)、我国的规范 GB 50936(2014)以及福建省 DBJ/T 13-51-2020 规范的计算结果与试验值的吻合较为理想,美国 AISC-LFRD(1999) 规范以及福建省 DBJ/T 13-51-2020 规范的计算结果低于试验值,因此,这三个规范的计算公式更加安全,欧洲 EC4(1994)规范和我国的规范 GB 50936(2014)的计算结果高于试验值,因此,这两个规范的计算公式较不安全。经过综合考虑,建议选择福建省 DBJ/T 13-51-2020 规范作为钢管再生大骨料自密实混凝土纯弯构件极限抗弯承载力的计算公式。参考福建省 DBJ/T 13-51-2020 规范中关于钢管普通混凝土纯弯构件的承载力公式,通过数据拟合方法推导出钢管再生大骨料自密实混凝土构件极限抗弯承载力的计算公式,并通过钢管再生大骨料自密实混凝土构件极限抗弯承载力的试验值验证了此公式的准确性。

③ 对于钢材的应力-应变关系模型,选取弹塑性模型;对于核心混凝土单轴受压应力-应变关系模型,选用韩林海本构模型。有限元模拟的钢管再生大骨料自密实混凝土纯弯构件的破坏形态、弯矩-变形曲线和极限抗弯承载力与试验构件吻合较好,说明此有限元模型可以非常正确地模拟出钢管再生大骨料自密实混凝土纯弯试验构件在受力过程中的力学表现,验证了试验构件的可信赖性。

参 考 文 献

[1] 钟茂初. 建筑垃圾存在巨量累积风险,应提前制定中长期规划[N]. 中国建设报,2019-4-8.

[2] 邓激流. 建筑业发展循环经济模式研究[J]. 经济研究导刊,2011(25):212-213.

[3] GLUZHGE P J. The work of scientific research institute[C]. Gidrotekhnicheskoye Stroitelsto,1946.

[4] HANSEN T C. Recycled aggregates and recycled aggregate concrete second state-of-the-art report developments 1945—1985[J]. Materials and Structures,1986,19(3):201-246.

[5] NIXON P J. Recycled concrete as an aggregate for concrete—a review[J]. Matériaux et Construction,1978,11(5):371-378.

[6] O'MAHONY M M. An analysis of the shear strength of recycled aggregates[J]. Materials and Structures,1997,30(10):599-606.

[7] RILEM TC 121-DRG. Specifications for concrete with recycled aggregates[J]. Materials and Structures,1994,27(9):557-559.

[8] LIMBACHIYA M C,LEELAWAT T,DHIR R K. Use of recycled concrete aggregate in high-strength concrete[J]. Materials and Structures,2000,33(9):574-580.

[9] BASSANI M,DIAZ GARCIA J C,MELONI F,et al. Recycled coarse aggregates from pelletized unused concrete for a more sustainable concrete production[J]. Journal of Cleaner Production,2019,219:424-432.

[10] LEE H,KWON J H,KIM K H,et al. Application of DEM model to breakage and liberation behaviour of recycled aggregates from impact-breakage of concrete waste[J]. Minerals Engineering,2008,21(11):761-765.

[11] VISINTIN P,XIE T,BENNETT B. A large-scale life-cycle assessment of recycled aggregate concrete:the influence of functional unit,emissions allocation and carbon dioxide uptake[J]. Journal of Cleaner Production,2020,248:119243.

[12] 肖建庄,郑世同,王静. 再生混凝土长龄期强度与收缩徐变性能[J]. 建筑科学与工程学报,2015,32(1):21-26.

[13] MA Z M,LIU M,TANG Q,et al. Chloride permeability of recycled aggregate con-

crete under the coupling effect of freezing-thawing, elevated temperature or mechanical damage[J]. Construction and Building Materials, 2020, 237: 117648.

[14] ZHU P H, HAO Y L, LIU H, et al. Durability evaluation of three generations of 100% repeatedly recycled coarse aggregate concrete[J]. Construction and Building Materials, 2019, 210: 442-450.

[15] RAO R, DENG Q D, FU J Y, et al. Improvement of mechanical strength of recycled blend concrete with secondary vibrating approach[J]. Construction and Building Materials, 2020, 237: 117661.

[16] LI Y, FU T H, WANG R J, et al. An assessment of microcracks in the interfacial transition zone of recycled concrete aggregates cured by CO_2[J]. Construction and Building Materials, 2020, 236: 117543.

[17] WANG Q H, GENG Y, WANG Y Y, et al. Drying shrinkage model for recycled aggregate concrete accounting for the influence of parent concrete[J]. Engineering Structures, 2020, 202: 109888.

[18] 杜婷. 高性能再生混凝土微观结构及性能试验研究[D]. 武汉: 华中科技大学, 2006.

[19] 吴波, 刘伟, 刘琼祥, 等. 薄壁钢管再生混合短柱轴压性能试验研究[J]. 建筑结构学报, 2010, 31(8): 22-28.

[20] 吴波, 刘伟, 刘琼祥, 等. 钢管再生混合短柱的轴压性能试验[J]. 土木工程学报, 2010, 43(2): 32-38.

[21] 吴波, 许喆, 刘琼祥, 等. 薄壁钢管再生混合柱的抗剪性能试验[J]. 土木工程学报, 2010, 43(9): 12-21.

[22] 吴波, 刘伟, 刘琼祥, 等. 再生混合钢筋混凝土短柱的轴压性能试验[J]. 工程抗震与加固改造, 2010, 32(3): 81-85.

[23] 张金锁. 薄壁方钢管再生混合柱的轴压和抗震性能试验研究[D]. 广州: 华南理工大学, 2011.

[24] 吴波, 赵新宇, 杨勇. 采用大尺度废弃混凝土的再生混合构件研究进展[J]. 华南理工大学学报(自然科学版), 2012, 40(10): 174-183.

[25] 赵新宇. 薄壁圆钢管再生混合柱及其节点的试验研究与分析[D]. 广州: 华南理工大学, 2012.

[26] 吴波, 计明明, 赵新宇. 再生混合混凝土及其组合构件的研究现状[J]. 工程力学, 2016, 33(1): 1-10.

[27] 韩林海. 钢管混凝土结构: 理论与实践[M]. 北京: 科学出版社, 2004.

[28] 杨有福. 钢管再生混凝土构件力学性能和设计方法若干问题的探讨[J]. 工业建筑, 2006, 36(11): 1-5.

[29] 尧国皇, 韩林海. 钢管自密实高性能混凝土压弯构件力学性能研究[J]. 建筑结构学报, 2004, 25(4): 34-42.

[30] 安雪晖, 黄绵松, 金峰, 等. 自密实混凝土在水工大体积混凝土中的应用[C]// "全国特

种混凝土技术及工程应用"学术交流会暨 2008 年混凝土质量专业委员会年会论文集. 西安,2008:40-45.

[31] 梁琳. 再生混凝土耐久性能及抗压强度试验研究[D]. 南京:东南大学,2017.

[32] 王林富. 再生大骨料自密实混凝土受压力学性能研究[D]. 青岛:中国石油大学,2011.

[33] 吴波,刘璐,赵霄龙. 自密实再生混合混凝土的单轴受压试验研究[J]. 建筑结构学报,2016,37(S2):73-78.

[34] 李静,王亚林,姜琳,等. 再生大骨料自密实混凝土梁正截面受力特性研究[J]. 实验力学,2017,32(6):781-788.

[35] 李静,刘力搏,王刚,等. 再生大骨料含水量对试件强度及表观质量的影响[J]. 混凝土,2018(02):90-93.

[36] WANG Y Y,CHEN J,GENG Y. Testing and analysis of axially loaded normal-strength recycled aggregate concrete filled steel tubular stub columns[J]. Engineering Structures,2015,86:192-212.

[37] VAN CAO V. Experimental behaviour of recycled aggregate concrete-filled steel tubes under axial loading[J]. International Journal of Civil Engineering,2019,17(8):1341-1351.

[38] HUANG Y J,SUN Y D,SUN H S,et al. Theoretical analysis on mechanical behavior of axially loaded recycled aggregate concrete filled steel tubes[J]. Mathematical Problems in Engineering,2015,1-14.

[39] LYU W Q,HAN L H. Investigation on bond strength between recycled aggregate concrete (RAC) and steel tube in RAC-filled steel tubes[J]. Journal of Constructional Steel Research,2019,155:438-459.

[40] 郭红玲. 内置大尺度块体薄壁圆钢管混凝土短柱轴压力学性能研究[D]. 包头:内蒙古科技大学,2015.

[41] 向星赟. 钢管自密实再生混凝土短柱的轴压和偏压力学行为研究[D]. 成都:西南交通大学,2017.

[42] 肖永良. 薄壁矩形钢管再生混合混凝土轴压长柱承载性能研究[D]. 泉州:华侨大学,2018.

[43] 王维浩. 方钢管再生混凝土受弯构件的有限元分析[D]. 沈阳:沈阳建筑大学,2014.

[44] 杨有福,马国梁. 不锈钢管再生混凝土弯曲性能[J]. 大连理工大学学报,2013,53(4):572-578.

[45] 杨丹,陈科,王汝恒,等. 再生粗骨料混凝土梁受弯性能试验研究[J]. 四川建筑科学研究,2019,45(4):54-59.

[46] 朱振. 薄壁圆钢管轻骨料混凝土柱受压性能研究[D]. 南宁:广西大学,2019.

[47] 徐礼华,徐方舟,周鹏华,等. 钢管自应力自密实高强混凝土中长柱受压性能试验研究[J]. 土木工程学报,2016,49(11):26-34.

［48］任志刚,张铭,魏巍,等.圆端形钢管混凝土中长柱轴压性能［J］.建筑科学与工程学报,2020,37(3):18-27.

［49］闻洋,梁东旭,王锋.薄壁圆钢管再生混凝土混合中长柱轴压力学性能［J］.沈阳建筑大学学报(自然科学版),2016,32(3):437-443.

［50］全国钢标准化技术委员会.金属材料力学性能试验用试样制备指南:GB/Z 38434—2019［S］.北京:中国标准出版社,2019.

［51］中华人民共和国住房和城乡建设部.自密实混凝土应用技术规程:JGJ/T 283—2012［S］.北京:中国建筑工业出版社,2012.

［52］钟善桐.钢管混凝土结构［M］.3 版.北京:清华大学出版社,2003.

［53］中华人民共和国住房和城乡建设部.混凝土物理力学性能试验方法标准:GB/T 50081—2019［S］.北京:中国建筑工业出版社,2019.

［54］蔡绍怀.现代钢管混凝土结构［M］.北京:人民交通出版社,2003.

［55］ACI Committee 318. Building Code Requirements for Structural Concrete and Commentary［S］. American Concrete Institute,2011.

［56］JOHNSON R P,ANDERSON D. Designers' Guide to EN 1994-1-1:Eurocode 4:Design of Composite Steel and Concrete Structures,Part 1-1:General Rules and Rules for Buildings［M］. LondonThomas Telford Ltd,2004.

［57］AIJ-SRC. Standards for structural calculation of tubular steel concrete composite structures［S］. Architectural Institute of Japan,2001.

［58］石亦平,周玉蓉.ABAQUS 有限元分析实例详解［M］.北京:机械工业出版社,2006.

［59］中华人民共和国住房和城乡建设部.混凝土结构设计规范:GB 50010—2010［S］.北京:中国建筑工业出版社,2011.

［60］曾宇,胡良明.ABAQUS 混凝土塑性损伤本构模型参数计算转换及校验［J］.水电能源科学,2019,37(6):106-109.

［61］TAO Z,WANG Z B,YU Q. Finite element modelling of concrete-filled steel stub columns under axial compression［J］. Journal of Constructional Steel Research,2013,89:121-131.

［62］全国钢标准化技术委员会.金属材料 拉伸试验 第 1 部分:室温试验方法:GB/T 228.1—2021［S］.北京:中国标准出版社,2021.

［63］中华人民共和国住房和城乡建设部.混凝土物理力学性能试验方法标准:GB/T 50081—2019［S］.北京:中国建筑工业出版社,2019.

［64］韦灼彬,陶忠,韩林海.方钢管混凝土纯弯构件力学性能及承载力的研究［J］.工业建筑,1998,28(10):6-9.

［65］YANG Y F,HAN L H. Compressive and flexural behaviour of recycled aggregate concrete filled steel tubes (RACFST) under short-term loadings［J］. Steel and Composite Structures,2006,6(3):257-284.

［66］中华人民共和国住房和城乡建设部.钢管混凝土结构技术规范:GB 50936—2014［S］.

北京:中国建筑工业出版社,2014.

[67] 福州大学,福建省建筑科学研究院有限公司,福州市城乡建设发展有限公司.钢管混凝土结构技术规程:DBJ 13-51-2020[S].福州:福建省住房和城乡建设厅,2003.

[68] BORGES DINIS P,CAMOTIM D,SILVESTRE N. FEM-based analysis of the local-plate/distortional mode interaction in cold-formed steel lipped channel columns[J]. Computers & Structures,2007,85(19/20):1461-1474.

[69] 刘威.钢管混凝土局部受压时的工作机理研究[D].福州:福州大学,2005.

[70] SORENSON H K. ABAQUS version 6.4:theory manual, users' manual, verification manual and example problems manual[J]. Hibbitt, Karlson, Sorenson Inc. USA,2003.